大模型项目实战 Agent 开发与应用

高强文◎著

机械工业出版社
CHINA MACHINE PRESS

图书在版编目（CIP）数据

大模型项目实战 : Agent 开发与应用 / 高强文著 . 北京 : 机械工业出版社 , 2025. 4. --（智能系统与技术丛书）. -- ISBN 978-7-111-77733-5

Ⅰ. TP18

中国国家版本馆 CIP 数据核字第 20259A4Q22 号

机械工业出版社（北京市百万庄大街 22 号　邮政编码 100037）

策划编辑：李梦娜　　　　　　　　　　责任编辑：李梦娜

责任校对：李可意　张雨霏　景　飞　　责任印制：常天培

北京铭成印刷有限公司印刷

2025 年 4 月第 1 版第 1 次印刷

186mm × 240mm · 14.25 印张 · 244 千字

标准书号：ISBN 978-7-111-77733-5

定价：89.00 元

电话服务	网络服务
客服电话：010-88361066	机　工　官　网：www.cmpbook.com
010-88379833	机　工　官　博：weibo.com/cmp1952
010-68326294	金　　书　　网：www.golden-book.com
封底无防伪标均为盗版	机工教育服务网：www.cmpedu.com

PREFACE

前　言

AI Agent（或简称为 Agent）是建立在大语言模型之上的智能应用，是将人工智能与特定场景深度结合的重要方式。Agent 模仿人类"思考 – 行动 – 观察"的规划模式，具备自主思考和自主决策的能力，能够适应环境的变化，自主学习和改进，完成用户设定的目标。与大语言模型的对话应用不同，Agent 的突出特点是主动性，在行为上表现为多步操作、多角色会话、多轮迭代、反复修正答案以及调用外部资源的能力。

20 世纪 80 年代，对于 AI Agent 是否能够真正产生自主性的、生物意义上的"智能"这一问题已在哲学层面展开讨论。20 年前，深度学习的发展促进了 Agent 的进化。近几年来，在大语言模型的支持下，Agent 越来越具备主动性，"思考"问题的方法也在参考人类特征的基础上，形成一套包含规划、记忆、工具和行动的功能规范。在 Agent 与大语言模型技术结合方面，ReAct、ToT、Reflexion、CoT 等思考框架的研究成果不断，相关论文以及与之配套的开源代码诠释了理论如何变为现实。看似眼花缭乱实则科学严谨的提示词工程，在与大语言模型的交互中，使得 Agent 像施展魔法般地实现了人类预定的目标。展望未来，基于 Agent，人们对通用人工智能（Artificial General Intelligence，AGI）充满了想象空间。

Agent 的发展离不开大语言模型的支持，而大语言模型则通过 Agent 扩展其功能。随着 GPT-4、GLM-4、Llama3、Qwen2 等模型的发布，依托这些模型的应用技术也取得了显著的进步，GPT-4 率先推出了 Function-calling 功能，其他模型也迅速跟进。这一创新反映了大语言模型将超越单纯的内容生成，向更智能、更主动、更有规划性的 AGI 方向发展。AutoGPT、BabyAGI 等 Agent 应用的推出，使代表着主动思考、主动决策、主动执行的 AGI 技术取得了长足的进步。同时，LangChain、AutoGen 等 Agent 开发框架的问世与流行，使这个领域的应用开发变得更加便捷，多角色、多模态的 Agent 应用纷纷涌现。

目前，Agent 正处于快速发展过程中，已在长记忆会话、任务处理、检索增强、辅助编程等领域产生了许多产品和应用案例。本书详细介绍了 8 种开源的主流 Agent 应用以及 7 种 Agent 开发框架，从基础、应用、开发三个层面对 Agent 知识进行了循序渐进的讲解。考虑到实际应用场景，本书还涵盖了支撑 Agent 应用的大型语言模型的安装、服务开发以及微调技术，从而使 Agent 的知识体系更加完整。

本书特点

本书具有以下特点：

- 基于开源技术：本书中涉及的所有 Agent 技术都是开源项目，所使用的大模型也皆为开源模型且可在本地部署，而非依赖 OpenAI 等云服务。案例代码中不依赖额外的 API，均可在本地部署的模型支持下进行调试和运行。此外，本书所有案例代码已在 GitHub 上开源。
- 技术广泛：本书涵盖了 8 种 Agent 应用（应用篇）和 7 种 Agent 开发框架（开发篇），共涉及 15 种开源 Agent 技术。Agent 正在快速发展，覆盖的技术越多，读者学习或深入研究的选择越多。
- 国内外并重：本书使用的技术中，国产 Agent、国产大模型技术占有一定的比例，如 QAnything、AgentScope、CodeFuse-ChatBot、Qwen-Agent、GLM-4、CogVLM2 等。对于读者来说，阅读本书后，如果想了解相关技术细节，那么国产项目的中文文档更易于深入学习。
- 详解大模型技术：大语言模型是 Agent 的运行基础，本书专门对大模型的开发技术进行了详细讲解，内容包括大语言模型的应用、服务开发与微调。通过学习，读者能够深入了解 Agent 背后的内容生成原理。
- 案例涉及的领域广泛：本书提供了 10 个不同场景的 Agent 应用开发案例，案例涉及的领域广泛，且贴近读者的学习与生活，如任务驱动、多角色协同、辅助编程、RAG、图像、多模态等，实用性强。

内容来源

本书的内容源于笔者的研究与实践。在写作过程中，我精心挑选了各类 Agent 技术，涵盖多个领域和场景，力求在知识的广度和深度上都有所考量，希望为读者提供多元化的参考。具体来说，本书的写作素材来源主要包括以下几个方面：

- 实践案例：在本书撰写过程中，我实践了大量 Agent 应用，并开发了一系列多领域的示例程序。
- 官方资源：本书整合了来自各种 Agent 应用和开发框架的官网资料，确保得到官方的前沿信息。
- 培训课件：在过去两年中，我作为培训讲师，为教师、学生以及软件企业举办了多场大语言模型培训，其中，Agent 实操课程也是一个重要的培训主题，因此获得了大量学员反馈，从而优化了本书内容。

读者对象

本书涉及的 Agent 技术丰富、操作步骤详细、源代码完整，适合 Agent 使用者和开发者上手实践。

- 对于使用者来说，8 种典型的 Agent 开源应用，能够满足他们在部署与使用方面的需求。
- 对于开发者来说，10 个不同场景的 Agent 应用开发案例以及多种大语言模型服务，能够满足他们学习、实践的需求。

如何阅读本书

这是一本讲解 Agent 基础知识、开发与应用方法的实战指南，共分为三篇：

- 基础篇：包括第 1 和 2 章，介绍了 Agent 定义、发展历程、常用开源技术、主要组件等基础知识和开发环境的搭建过程。
- 应用篇：包括第 3 ～ 6 章，从通用型、任务驱动型、辅助开发型和检索增强型的分类角度，介绍了 AutoGPT、MemGPT、BabyAGI、Camel、Devika、CodeFuse-ChatBot、DB-GPT、QAnything 这 8 种流行度高、社区完善、正在快速发展的开源 Agent 应用，描述其运行原理、安装方法和使用过程。
- 开发篇：包括第 7 ～ 16 章，完成 10 个不同场景的 Agent 应用开发实战。一方面，以 AgentScope、LangChain、LangGraph、AutoGen、LlamaIndex、CrewAI、Qwen-Agent 这 7 种目前被广泛应用的开源 Agent 开发框架为基础，针对每个

框架各讲解一个开发案例。另一方面，通过案例介绍了 Agent 开发过程中关键的 Function-calling 特性及大语言模型开发技术。此外，对基于 CogVLM2 的多模态模型应用开发，也提供了案例演示。

实践要求及说明

在本书的大部分示例中，Agent 需要大语言模型具备 Function-calling 特性或对推理能力要求较高，所以基本上选用了 8B、9B 等参数规模的模型，运行这些模型所需的 GPU 内存在 20GB 左右。书中还涉及一些大模型的微调技术和多模态模型的应用开发，所以至少需要 1 张 24GB 内存的推理卡或显卡。虽然部分示例在 Ollama 的量化环境下只需要 6GB 内存即可正常运行，但为了完整实践所有示例，建议采用 24GB 或以上内存的推理卡或显卡，以及与之配套的服务器或高端个人计算机。

以下是关于阅读与实践本书内容的注意事项。

①操作系统。Agent 应用服务本身可以运行在 Windows 和 Linux 下。Agent 需要大语言模型的支持，在本书所介绍的装载大语言模型的三种方法中，只有 Ollama 支持 Windows 操作系统，其余两种由于依赖 vLLM 而不能在 Windows 上运行。综合以上情况，建议读者在 Ubuntu 22.04 操作系统中实践本书内容。书中涉及的文件下载、文件编辑、文件复制等操作系统命令均使用了 Linux 的方式描述，如果读者使用 Windows，则要根据情况采用对应的操作方法。

②命令换行。在操作系统命令行下执行命令时，Linux 系统支持对较长的命令采用“\”进行换行，命令执行结果不会发生变化，而在 Windows 系统中要将“\”换成“^”。

例如，以下命令在 Linux 系统中运行正常：

```
pip install -r requirements.txt -i \
https://pypi.mirrors.ustc.edu.cn/simple
```

该命令如果要在 Windows 系统中正常运行，则需要把首行行尾的“\”替换成“^”，格式如下：

```
pip install -r requirements.txt -i ^
https://pypi.mirrors.ustc.edu.cn/simple
```

③命令注释。本书中描述的在操作系统命令行下执行的命令，如果以“#”开头

则为注释，无须执行。为了避免读者将多条命令误以为是一条连续的命令一起执行而发生错误，我一般会在每条命令的前一行加注释。

④示例代码。得益于 Python 语言的精练以及各种 Agent 开发框架的封装，本书的示例代码大多在 100 行左右，开发篇中列出的基本上都是完整源代码。但书中为了详细地解释程序原理，特意对代码进行了分段叙述，这会因缩进难以观察而影响代码的整体性和可读性，建议读者调试程序时，从本书的配套代码库中下载所用的代码。

⑤主机名称。为了统一和规范书中程序的配置与访问方式，减少可能的歧义，本书采用以下约定：如果是本机地址，则使用 127.0.0.1 表示；如果涉及 GPU 服务器，则使用主机名“ server-dev”指代。主机名对应的 IP 地址可以通过配置 DNS 解析来确定，在 Windows 系统中修改 C:\Windows\System32\drivers\etc\HOSTS 文件，在 Linux 系统中修改 /etc/hosts 文件。

勘误和支持

本书的所有源代码和简要操作步骤，已在 https://github.com/little51/agent-dev 上开源，读者可自行查阅。

虽然我在写作时已尽力谨慎，反复测试验证，但本书中仍可能出现一些疏漏或者不准确之处，恳请读者指正。若读者有勘误或意见，可通过邮件 little51@126.com 反馈，或者在 https://github.com/little51/agent-dev 代码库上提交 issue。

致谢

2023 年以后，我一直从事大语言模型应用开发与培训工作。2024 年初，我结合工作中积累的经验，对培训课件进行整理，形成一些关于大模型应用开发的原始写作素材，并获得与机械工业出版社合作的机会，开始撰写《大模型项目实战：多领域智能应用开发》[1]一书。2024 年 7 月，在该书的写作接近尾声时，为期半个月的人工智能培训也在按计划进行，我将 AI Agent 的一些内容加到课程中，得到了广大

[1] 该书已由机械工业出版社出版，书号为 978-7-111-76234-8。——编辑注

学员的积极反馈和同事的建议，这激励我撰写一本关于 Agent 的图书，于是我一边开发多个领域的 Agent 示例程序，一边进行文本书写。经过近三个月不停歇的工作，这本新书即将问世。

在这一过程中，我要感谢以下朋友：

我要感谢我所在公司的集团领导梁明道先生，在我的印象中，十年前他就开始反复给我描绘“智体”的前景，这对我在 Agent 方面的研究大有裨益。在他的理论中，这种具有主动性、自我决策和自动执行的实体，一定会成为 AGI 的发展方向。甚至在十年前，他就注册了 aiit.com 这样的四字域名，用于以后的智体产品研发与推广。

感谢我的同事董炜，他一如既往、一丝不苟地安排培训工作，使我在培训过程中将所有精力都用到了课件的准备和与学员的交流上。学员的学习反馈和他们对课程的建议，对本书中的 Agent 技术选型起到关键作用。

感谢我的同事杨乐，他很早就开始研究 Agent 开发，得知我打算写一本该领域的图书时，他给了我很多建议，并协助我采购了双推理卡设备。具备一定算力的机器，是 Agent 开发中最重要的基础设施支持。

本书中涉及的 Agent 应用与开发框架以及各种大语言模型，都是开源项目，而且很大一部分使用的是极其宽松的 MIT 授权方式。作为开源社区的负责人和开源的受益者，本书的示例源码也全部开源。感谢开源！

高强文

CONTENTS

目 录

基 础 篇

AI Agent 是一种能够根据环境变化进行自主决策和执行任务的智能实体，经过多年的发展，已进化成能通过思考框架、规划路径、调用工具等手段逐步完成人类给定的目标，其中任务的拆解、工具的选择和参数的设定等细节都由 Agent 自行实现。

本书中涉及的 15 种 Agent 应用与框架，在应用领域和场景方面的区别较大，但实现这些 Agent 的方法论和主要组件是成体系的。学习这些基础知识，有助于读者为实践 Agent 的具体应用和开发技术进行铺垫。Agent 的快速发展在相当程度上归功于大语言模型的支持，Agent 与大语言模型在技术架构上相辅相成，而如何厘清两者关系，搭建 Agent 的应用与开发环境，也是本篇的重点内容。

本篇将通过两章的内容，详细讲解 Agent 的基本情况、发展历程、常用技术、主要组件等基础知识，介绍 Agent 应用的部署架构和与之相关的大语言模型知识，为后续的 Agent 应用与开发做好理论准备和基础技术支持。

- 第 1 章对 Agent 的定义和发展历程进行阐述，列举了目前常用的 Agent 开源技术及其分类，并对 Agent 的架构、主要组件进行了详细的讲解。
- 第 2 章介绍 Agent 应用的两种常用部署结构和与之对应的硬件配置情况，讲解在 Linux、Windows 两种操作系统中部署应用开发环境的详细过程，还对大语言模型服务的搭建给出三种技术方案，在后续的 Agent 应用部署和开发实践中会根据情况选择合适的大模型服务方案。

CHAPTER 1

第1章 Agent基础知识

Agent是一种能够自主规划、自行决策和自动执行任务的智能实体应用程序。与传统的人工智能相比，Agent具备通过主动思考、调用工具，有计划地逐步完成用户设定目标的能力。Agent不是近年来才出现的概念，在大语言模型（Large Language Model，LLM）出现之前，Agent实现的是其字面意思“代理”或“助理”的功能，作为工具被动地协助人类完成一些工作任务。随着ChatGPT及同类型大语言模型产品的迅速发展，Agent技术也在快速迭代，从通过多个角色对话的方式来解决用户问题的简单场景开始，逐步加强在长记忆、主动思考、任务分解、任务执行、工具调用等方面的能力，目前正在朝通用人工智能（Artificial General Intelligence，AGI）方向迈进。

在很多场景下，大语言模型也被称为LLMs（Large Language Models），是指一类LLM服务。对于本书中的大语言模型、LLM、LLMs是同一个概念。

1.1 Agent的概念

在人工智能语境下，Agent是AI Agent的简写。Agent的概念与人工智能、主动服务于人类的软件、大语言模型等有关。

亚马逊的AWS云服务网站中的Agent定义为：AI Agent是一种软件程序，它可以与环境互动，收集数据，并利用数据执行自主任务，以实现人类预定的目标。AI Agent会独立选择实现这些目标所需的最佳行动[⊖]。

IBM对Agent的定义则突出了其自主性和扩展性，将Agent定义成能够通过设计工作

⊖ https://aws.amazon.com/cn/what-is/ai-agents/。

流程和利用可用工具，代表用户或其他系统自主执行任务的系统或程序。AI Agent 可以包含自然语言处理之外的广泛功能，包括决策、解决问题、与外部环境交互和执行操作[㊀]。

Microsoft 则着重强调了 Agent 的使用场景和功能：Agent 为用户执行特定任务、回答问题并自动执行流程，具有较高的复杂性而且功能差异很大，从简单的聊天机器人到 Copilot[㊁]，再到数字人或机器人系统形式的高级人工智能助手，可以自主运行复杂的工作流程[㊂]。Microsoft 还阐述了 Agent 与大语言模型或基于规则的软硬件之间在自主性方面的重要区别，也明确了 Agent 具备规划（Planning）、工具使用（Tool usage）、感知（Perception）和记忆（Memory）等功能。

综合以上信息，笔者对 Agent 的定义总结如下：**Agent（AI Agent）是一种人工智能应用，通过自主规划、工具调用、感知和记忆等功能，在大语言模型的支持下，代表或代理人类，自主决策，主动解决用户提出的任务。**

Agent 的中文翻译是“代理”，代理这个词指代的职业、职位比较宽泛，有些图书或文章将 AI Agent 直译成“人工智能代理”，其主动性被弱化了。如果翻译成“助理”（Assistant），则会把 Agent 的应用场景缩小很多。目前比较通行的翻译是“智能体”，虽然未能表达出 Agent 代表人类的特点，但是说明了 Agent 是一个具有智能的独立个体，有一定的主动性。笔者的想法是将智能体简化为“智体”，智体与智能体表达的意思没有区别，但更有科技感和画面感。

在本书中，Agent、AI Agent、智体三者代表的是同一个概念，在不同的语境中使用不同的说法：AI Agent 会出现在相对专业的描述中；Agent 是 AI Agent 的简略表示，因为本书整体与人工智能有关，所以使用 Agent 也没有歧义；在通俗化表达或描述应用场景时，使用智体则显得行文流畅。

1.2 Agent 的发展历程

1.2.1 Agent 起源

Agent 的概念和应用已发展了多年，由伴随人工智能出现的“智能实体”概念进化而来。其起源可以追溯到 20 世纪 50 年代，阿兰·图灵（Alan Turing）把“高度

㊀ https://www.ibm.com/think/topics/ai-agents。

㊁ 原意是“副驾驶”，这里特指 GitHub 的编程助手 Copilot，见 https://github.com/features/copilot。

㊂ https://learn.microsoft.com/en-us/azure/cosmos-db/ai-agents。

智能有机体”的概念扩展到了“人工智能实体”。图灵描绘的人工智能实体，能够使用传感器感知周围环境、做出决策和进行响应，被称为 Agent。图灵还提出了著名的图灵测试[㊀]，这是一个用于区分作答者是人类还是计算机的判断流程。在测试过程中，一名测试者写下自己的问题，随后将问题以纯文本的形式发送给另一个房间中的一个人与一台机器，测试者根据他们的回答来判断哪一个是真人、哪一个是机器。5min 的测试时长，若计算机有超过 30% 的回答让测试者误认为是人类所答，则计算机通过图灵测试。

从加州大学圣迭戈分校 Cameron R. Jones 和 Benjamin K. Bergen 的论文“Does GPT-4 pass the Turing test？”可知，GPT-4 通过率为 49.7%，其表现优于 ELIZA（22%）和 GPT-3.5（20%），但仍低于人类参与者设定的基线 66%[㊁]。近年来，大语言模型对 Agent 的发展起到了非常大的推动作用，图灵提出的理论和实践原理逐步变成了现实。

1.2.2 将 Agent 引入 AI 领域

由复旦大学 NLP 团队发表的论文《基于大语言模型的 Agent 兴起和潜力：一项调查》可知，在 20 世纪 80 年代，由于计算机科学和人工智能社区的兴起，人们对 Agent 这一主题的兴趣激增。Michael Wooldridge 等人将 Agent 引入人工智能领域，奠定了 AI Agent 的理论基础。Wooldridge 在 2014—2018 年担任过牛津大学的计算机科学系主任，曾参与开发阿尔法围棋机器人（AlphaGo）项目。他所专注的多智体系统（Multi-Agent System，MAS），是一种在单个环境中交互的多个智体组成的计算系统，属于分布式计算技术，自 20 世纪 70 年代出现以来迅速发展，目前已经成为一种进行复杂系统分析与模拟的思想、方法和工具。Wooldridge 讨论了将 Agent 引入人工智能领域后的哲学层面问题，即 Agent 是否已拥有生物意义上的“心智”，还是从人类观察的角度来看，机器只是具备了一些自主性、反应性、主动性和社会能力等属性，而并非“真正”在思考问题。

搁置“Agent 是否实际上在思考或真正拥有思想”的问题不谈，这些哲学领域的概念催生了一些 Agent 开发方法论，各种用于 Agent 与 LLM 交互的思考框架被广泛

㊀ 参考百度百科的“图灵测试”词条。

㊁ 30% 是图灵对 2000 年机器思考能力的一个预测。GPT-4 虽然超过了 30%，但低于人类参与者设定的基线 66%，所以不能认为 GPT-4 已通过了图灵测试。

应用，且取得了良好的应用效果。

1.2.3 Agent 技术进化与理论完善

2000 年左右，伴随着人工智能的发展，Agent 的理论与实践日趋成熟。根据 Peter Norvig 和 Stuart Russell 合著的《人工智能：一种现代方法》一书中的描述，Agent 衍生出以下类别：

- 简单反射智体：依据当前感知（一次性或短期记忆）做出响应。
- 基于规则模型的智体：智体按照自身记录的状态和外部情况，按模型或规则工作。
- 基于目标任务的智体：依据目标任务，主动根据环境选择最佳策略来实现计划。
- 基于实用程序的智体：基于特定实用程序的最佳解决方案，智体的运行要取得最大化特定效用，如最大化利润和最小化能源消耗[㊀]。
- 学习型智体：从历史经验中学习，利用学习成果来自动行动和适应，包括学习元素、性能元素、批评者和问题生成器。

实际上，这种分类方法一直延续到现在，比如基于短期记忆的 LLM 对话应用应归为简单反射智体，基于长期记忆的 MemGPT 可归为基于规则模型的智体，任务驱动的 BabyAGI 归为基于目标任务的智体，基于实用程序的智体会反思（Self-refine）和逐步改进，学习型智体所强调的自学习理念广泛应用于 ReAct[㊁]方法论中。

1.2.4 Agent 的深度学习应用

2012 年后，AI Agent 应用了深度学习等人工智能技术，取得了很大的成就。AlphaGo 是第一个击败人类职业围棋选手、第一个战胜围棋世界冠军的人工智能机器人，由谷歌旗下 DeepMind 公司戴密斯·哈萨比斯领导的团队开发。其主要工作原理是“深度学习”。[㊂]。AlphaGo 是一个 Multi-Agent 应用，Agent 依靠自身的经历进行学习，通过“行动→评价”的机制从环境中获得新的知识，改进行动方案以适应环境变化。

㊀ https://www.baeldung.com/cs/goal-based-vs-utility-based-agents。

㊁ Reasoning and Acting，参见“ReAct: Synergizing Reasoning and Acting in Language Models”，https://arxiv.org/abs/2210.03629。

㊂ 参考百度百科的“阿尔法围棋”词条。

1.2.5 基于 LLM 的 Agent

2017 年后，随着谷歌翻译团队的论文“Attention Is All You Need”[1]的发表和 Transformer 架构的盛行，大语言模型得到迅速的、革命性的发展。ChatGPT 以及同类型产品的发布，更是将 LLM 应用带入了人们的生活中。

而 LLM 对 AI Agent 的发展起到了推波助澜的作用，基于 GPT-4 的 AutoGPT、BabyAGI 等开源 Agent 的发布在 AI 界掀起一股研究热潮。

AutoGPT 称得上是一个划时代的产品。它的第一个版本发布于 2023 年 4 月 12 日，其愿景是让每个人都能使用和构建可访问的人工智能。AutoGPT 是一个能自主迭代、自我提示、自主检索的 Agent 框架，只要进行一次任务的设定，Agent 自己就能分解任务去完成。

BabyAGI 是一段让人惊叹的程序，600 多行代码中整合了大语言模型调用、提示词模板、向量库存取等技术。该应用可以自行拆解用户设定的任务目标，对子任务进行优先级排序和执行。经过多轮迭代，BabyAGI 得出的结果往往远远超出用户的预期。

甲子光年发布的《2024 年 AI Agent 行业报告》将 Agent 应用比作大模型时代的 App。在大语言模型的支持下，AI Agent 从理论到实践都取得了长足的发展，在一年多的时间内，Agent 应用和 Agent 开发框架大量涌现，逐步从专用领域发展到多行业、多场景应用，从需要人类干预以保证其执行分支的可靠性，发展到越来越自主化的独立运转模式，正在朝更智能、更自主、更强的适应能力和学习改进能力方向发展。

1.3 常用的 Agent 开源技术及分类

1. 常用的 Agent 开源技术

表 1-1 列出了一些常用的开源 Agent 应用、开发框架和运行平台，数据主要来自 awesome-ai-agents[2]。该代码库的所有者 e2b-dev 定期对使用率高、有代表性的 Agent 项目进行整理，并将这些项目的功能说明、分类以及链接一一列出，为 Agent 开发者提供参考。表 1-1 中还包含了 awesome-ai-agents 未收录但本书中用到的 Agent 相关资源。

[1] https://arxiv.org/abs/1706.03762。

[2] 一个 AI Agent 项目列表，https://github.com/e2b-dev/awesome-ai-agents。

表 1-1 常用的 Agent 开源技术

序号	名称	功能说明	源码链接
1	Adala	自主进行数据标注的 Agent 框架	https://github.com/HumanSignal/Adala
2	Agent4Rec	个性化电影推荐 Agent	https://github.com/LehengTHU/Agent4Rec
3	AgentForge	可扩展的 AGI 框架	https://github.com/DataBassGit/AgentForge
4	AgentGPT	基于浏览器的 AutoGPT 无代码版本	https://github.com/reworkd/AgentGPT
5	AgentPilot	在桌面应用程序中构建、管理 Agent 并与之聊天	https://github.com/jbexta/AgentPilot
6	AgentScope	阿里巴巴开源的 Multi-Agent 框架，亮点是支持分布式框架，并且做了工程链路上的优化及监控	https://github.com/modelscope/agentscope
7	AgentVerse	任务解决与仿真的 Agent 平台	https://github.com/OpenBMB/AgentVerse
8	AI Legion	Multi-Agent 平台，类似于 AutoGPT	https://github.com/eumemic/ai-legion
9	AIlice	创建 Agent 调用树以执行任务	https://github.com/myshell-ai/AIlice
10	AutoGen	具有多样性功能的 Multi-Agent 框架	https://github.com/microsoft/autogen
11	AutoGPT	基于 GPT-4 的通用型 Agent	https://github.com/Significant-Gravitas/Auto-GPT
12	Automata	根据项目上下文生成代码	https://github.com/emrgnt-cmplxty/automata
13	BabyDeerAGI	BabyAGI 的改编版本，仅需约 350 行代码	https://github.com/yoheinakajima/babyagi/blob/main/classic/BabyDeerAGI.py
14	BabyAGI	使用 AI 管理任务的简单框架	https://github.com/yoheinakajima/babyagi
15	BabyFoxAGI	带有新并行 UI 面板的修改版 BabyAGI	https://github.com/yoheinakajima/babyagi/tree/main/classic/babyfoxagi
16	BambooAI	为非程序员提供数据探索和分析功能	https://github.com/pgalko/BambooAI
17	Bloop	AI 代码搜索工具，适用于 Rust 和 TypeScript 编程语言	https://github.com/BloopAI/bloop
18	BondAI	带有 CLI&RESTful/WebSocket API 的代码解释器	https://github.com/krohling/bondai
19	Camel	探索 Agent 扩展规律的 Multi-Agent 框架	https://github.com/camel-ai/camel
20	ChatArena	用于 Multi-Agent 交互的聊天工具	https://github.com/Farama-Foundation/chatarena
21	ChatDev	用于软件开发的交流型 Agent	https://github.com/OpenBMB/ChatDev
22	CodeFuse-ChatBot	服务于整个软件开发生命周期的 AI Agent	https://github.com/codefuse-ai/codefuse-chatbot
23	CrewAI	基于 LangChain 的 Multi-Agent 框架	https://github.com/joaomdmoura/crewai
24	Databerry	简单的无代码平台，用于创建根据你自己的数据训练的 AI 聊天机器人	https://github.com/gmpetrov/databerry
25	DB-GPT	AI 原生数据应用程序开发框架	https://github.com/eosphoros-ai/DB-GPT
26	DemoGPT	生成新应用程序演示的工具	https://github.com/melih-unsal/DemoGPT
27	DevGPT	虚拟开发者团队	https://github.com/jina-ai/dev-gpt

（续）

序号	名称	功能说明	源码链接
28	Devika	主动式 AI 软件工程师	https://github.com/stitionai/devika
29	DevOpsGPT	AI 驱动的软件开发自动化解决方案	https://github.com/kuafuai/DevOpsGPT
30	dotagent	在云端、个人计算机或移动设备上部署 Agent	https://github.com/dot-agent/dotagent
31	e2b-dev/E2B	Agent 的云端运行环境	https://github.com/e2b-dev/e2b
32	evo.ninja	多功能通用型 Agent，使其角色适应并完成多种任务	https://github.com/polywrap/evo.ninja/
33	GeniA	AI 工程团队协作工具	https://github.com/genia-dev/GeniA
34	Godmode	AutoGPT 和 BabyAGI 同类产品	https://github.com/FOLLGAD/Godmode-GPT
35	GPT Discord	提供针对 Discord 的集成 GPT 接口	https://github.com/Kav-K/GPTDiscord
36	GPT Engineer	根据提示词生成整个代码库	https://github.com/AntonOsika/gpt-engineer
37	GPT Migrate	在不同框架 / 语言之间迁移代码库	https://github.com/0xpayne/gpt-migrate
38	GPT Pilot	从头开始编写一个完整的可扩展的应用程序	https://github.com/Pythagora-io/gpt-pilot
39	GPT Researcher	基于 GPT 的自主 Agent，可对任意给定主题进行在线综合研究	https://github.com/assafelovic/gpt-researcher
40	GPTSwarm	基于图形的 Agent 框架	https://github.com/metauto-ai/GPTSwarm
41	h2oGPT	查询管理本地文档、图片、视频等文件的 RAG 应用	https://github.com/h2oai/h2ogpt
42	JARVIS	一个将 LLM 与 ML（机器学习）社区连接起来的系统	https://github.com/microsoft/JARVIS
43	LangChain	构建情境感知推理应用程序的 Agent 开发框架	https://github.com/langchain-ai/langchain
44	LangGraph	以图的形式弹性构建 Agent 的开发框架	https://github.com/langchain-ai/langgraph
45	LlamaIndex	基于 LLM 的数据应用开发框架	https://github.com/run-llama/llama_index
46	MemGPT	创建具有长期记忆和自定义工具的 Agent 应用	https://github.com/cpacker/MemGPT
47	MetaGPT	返回设计、任务或仓库的 Agent 框架	https://github.com/geekan/MetaGPT
48	NLSOM	以统一的符号语言轻松将 Agent 集成到系统中	https://github.com/mczhuge/NLSOM
49	OpenAgents	通用型 Multi-Agent 平台	https://github.com/xlang-ai/OpenAgents
50	OpenAGI	专注于研究与开发（R&D）领域的 Agent 平台	https://github.com/agiresearch/OpenAGI
51	Pezzo	用于管理提示词等的开发工具包	https://github.com/pezzolabs/pezzo
52	QAnything	本地知识库问答系统，支持各种文件格式和数据库，允许离线安装和使用	https://github.com/netease-youdao/qanything
53	Qwen-Agent	基于 Qwen2 构建的 Agent 框架和应用程序，具有函数调用、代码解释器、RAG 和 Chrome 扩展功能	https://github.com/QwenLM/Qwen-Agent

（续）

序号	名称	功能说明	源码链接
54	Vanna.AI	基于 Python 的 AI SQL Agent，可根据特定数据进行训练	https://github.com/vanna-ai/vanna
55	Voyager	用于 *Minecraft* 游戏的受 LLM 驱动的终身学习 Agent	https://github.com/MineDojo/Voyager
56	Westworld simulation	《西部世界》的 Multi-Agent 环境仿真库	https://github.com/TheoLvs/westworld
57	UFO	面向 Windows 系统的 Agent，结合自然语言和视觉语言操作 Windows GUI	https://github.com/microsoft/UFO

2. 常用开源技术的分类

Agent 的用途非常广泛，涉及领域众多，本书选取了表 1-1 中一些有代表性的 Agent 开源技术进行介绍，其中包括 Agent 应用和 Agent 开发框架等。笔者在选型时遵循了一系列要求：

- 开源：选入本书的 Agent 项目必须是开放源代码的，因为如果在书中介绍闭源技术，则可能直接或间接地推广商业项目。
- 活跃：Agent 项目近期（一般为 3 个月，经典项目可适当放宽）要有更新。活跃的项目才会有生命力和前景，基于 Agent、LLM 的发展速度考量，如果介绍的是一年前已停更的项目，则对读者的帮助不大。
- Python 开发：Agent 项目得是用 Python 语言开发的。在本书介绍的开发技术中，除了极少数客户端会用到 Node.js，其他全部是用 Python 作为开发语言的。统一的开发语言可让读者更专注于 Agent 技术本身，而无须在不同的语言间来回切换。并且，Python 语言的入门门槛较低，适用于大部分开发者。
- 支持本地 LLM：如果 Agent 项目只支持 OpenAI 的在线服务，则读者实践起来稍显麻烦，学到的知识也少了一半，所以 Agent 项目一定要支持本地大语言模型（有些项目的说明中只支持 GPT-4，但实际上经过配置可以调用 OpenAI 兼容接口来接入其他 LLM 服务）。
- 支持多操作系统：如果 Agent 项目只匹配 Windows 操作系统的一些特性，那么其通用性、适用性、应用领域就会受到限制，所以书中选择的项目一般都可在多个操作系统上运行。

满足以上条件的项目并不算多，表 1-1 中列出的 Agent 项目经过筛选后，只有一部分会出现在本书中。表 1-2 对这部分有代表性的 Agent 项目进行了分类，以方便读者理解（注意该分类并不能覆盖所有 Agent 项目）。

表 1-2 常用 Agent 开源技术的分类

序号	分类		Agent 项目名称
1	Agent 应用	通用型	AutoGPT
2			MemGPT
3		任务驱动型	BabyAGI
4			Camel
5		辅助开发型	Devika
6			CodeFuse-ChatBot
7		检索增强型	DB-GPT
8			QAnything
9	Agent 开发框架		AgentScope
10			LangChain
11			LangGraph
12			AutoGen
13			LlamaIndex
14			CrewAI
15			Qwen-Agent

1.4 Agent 主要组件

Agent 是一种能够自主决策并采取行动实现人类设定目标的实体。为了达到所定义的功能，Agent 需要在大语言模型的支持下，通过 Planning、Tools、Memory 和 Action 组件的配合完成任务。Agent 的整体架构如图 1-1 所示。

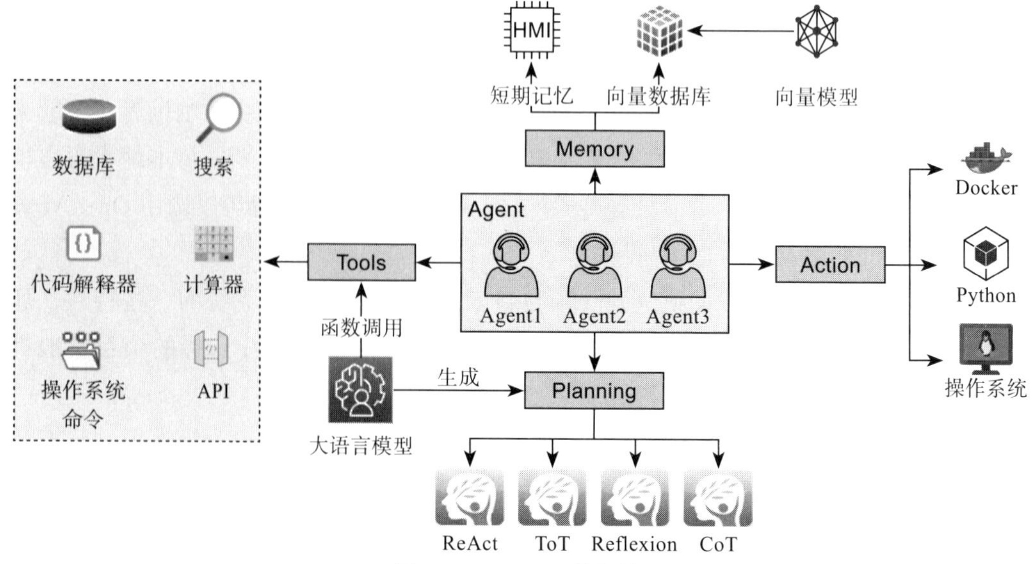

图 1-1 Agent 整体架构

在一个 Agent 系统中，可能会有多个 Agent 协作完成任务，其中有的 Agent 代表人类用户的角色，有的代表人工智能助手的角色，有的扮演各种与完成任务相关的职业角色。各种 Agent 系统实现的功能不同，工作流程也不同，但组件大体相同。

1.4.1 大语言模型

大语言模型是 Agent 技术的主要推动者，Agent 受大模型技术驱动，而大语言模型则通过以 Agent 为业务的落地执行端来影响现实世界，两种技术相互配合、相互促进，共同拓展 AI 应用的服务能力。

1. 服务内容

大语言模型为 Agent 提供三种服务：第一种是常规的推理生成内容服务，Agent 传给 LLM 与任务有关的提示词，LLM 给出推理的结果；第二种是更具主动性的 Function-calling（函数调用）服务，这要求大语言模型具备规范化输出的能力，目前并不是所有大语言模型都能够支持这一特性；第三种是文本向量化服务，将纯文本转化成向量表示方式，主要用于文本的语义近似比对。

（1）内容生成

在内容生成服务方面，LLM 服务于 Agent 的 Planning 组件，依据 Planning 制定的提示词和会话记录，生成新的内容。Planning 组件会使用一些提示词策略，与 LLM 反复交互，推动 Agent 逐步完成任务。一般情况下还会在提示词中要求 LLM 按某种固定的格式返回数据。在响应 Agent 的请求时，LLM 通过任务分解、任务优先级排列等不同方式，理解 Agent 的意图，按要求生成答案。

（2）Function-calling

Function-calling 是大语言模型主动调用外部接口的一种手段。虽然 LLM 不能直接调用 Agent 的 Tools 组件声明和实现的外部函数，但 LLM 可根据 Agent 的输入主动选择函数名称和推理出函数的参数值，并将这些输出信息交给 Tools 组件来执行具体的动作。LLM 通过这种规划能力间接地“远程指导”Agent 执行任务。

在使用 Function-calling 功能时，Agent 生成的提示词的消息中会带有 Tools 节点，这就要求提供 OpenAI 兼容接口的服务程序进行参数解析。在进行 Agent 开发时，要根据当前的 Agent 框架是否需要 Function-calling 来选取大语言模型 API 的服务提供者。

（3）文本向量化

经过向量化处理，文本会形成向量化表示，这样原来针对文本的处理就变成了针对数字的处理。比如，对两段文本的语义进行相似度比较的过程中，文本的向量化计算结果代表两者的语义相关性。这种大语言模型服务的典型应用场景是检索增强生成（Retrieval-Augmented Generation，RAG）应用。

2. 服务方式

大部分 Agent 框架与大语言模型通过 OpenAI 兼容接口方式交互，其中 Chat 接口“/v1/chat/completions”是最常用的，有一部分 Agent 还要用到向量化接口“/v1/embeddings”。在很多情况下，大语言模型提供的向量化接口与 Agent 要求的格式并不兼容，所以在相当一部分 Agent 应用开发的场景中，Agent 应用端会以自行装载向量模型的方式来解决文本向量化问题。除此之外，有时也会用到获取模型列表接口“/v1/models”。

Ollama[⊖]工具在迅速普及的过程中，获得了很多 Agent 开发框架的支持，大语言模型部署得到了简化，Agent 的 LLM 配置也变得非常容易。

1.4.2 规划组件

Planning（规划）组件为 Agent 提供了一种自主“思考”问题、解决问题的能力。这是 Agent 从被动执行人类命令的助手向智体升维的核心能力。Planning 组件思考问题的过程中，有提示词工程（Prompt Engineering）的理论和实践支持，也有 Action 组件和 Tools 组件执行外部命令的反馈，还有大语言模型理解 Planning 组件提出的问题而推理给出的回应。这几个因素综合起来，让 Agent 模仿出人类“思考—行动—观察—然后再思考”的多次迭代的流程，使得 Agent 具备了主动决策和处理事务的能力，形成一种智体。

Planning 组件实现这种能力是靠思考框架完成的。下面我们介绍四种常用的思考框架。

1. 常用的思考框架

（1）ReAct

ReAct 思考框架的概念来源于论文“ReAct: Synergizing Reasoning and Acting in Language Models”，其核心思想是通过思维链（CoT）的方式，引导模型将复杂问题拆解，形成包含主观思考（Thought）的提示词，输入大语言模型进行推理（Reasoning），

⊖ Ollama 是一种启动并运行 Llama 3.1、Mistral、Gemma 2 和其他大语言模型的工具，https://github.com/ollama/ollama。

再由工具来行动（Acting），并对行动结果进行观察（Observation），以为下一轮思考（Thought）做好准备。

ReAct 的原理可以理解为 Agent 先思考如何提问才能让大语言模型更好地回答问题，然后在采取每一步行动之后，都要观察行动的结果，如生成的程序执行结果是否正常、搜索结果是否完整等，再根据这些结果考虑下一轮提问。在这样的循环过程中，如果任务达成（可以将原始任务和本轮得到的答案交给 LLM 进行比对和判定）、循环轮次达到设定的阈值或任务时间超出时间限制，则退出任务循环。

（2）ToT

ToT（Tree of Thought，思维树）思考框架用于解决探索或预判战略的复杂任务。该框架基于思维链提示进行总结，引导大语言模型把思维作为中间步骤来解决通用问题。ToT 的方法论由 Shunyu Yao 等人在论文“Tree of Thoughts: Deliberate Problem Solving with Large Language Models”[一]中提出，概括了流行的思维链方法来提示大语言模型，并允许对连贯的文本单元（思考）进行探索，这些文本单元是解决问题的中间步骤。ToT 维护着一棵思维树，允许 LLM 通过考虑多种不同的推理路径和进行自我评估来决定下一步行动方案，以及在必要时向前回溯来做出全局选择，从而进行深思熟虑的决策。从论文配套的源码库[二]中可以看出，ToT 解决问题的主要流程有 generation、evaluation 和 selection 三步：generation 根据当前任务的输入，生成一定数量的候选项；evaluation 评估每个候选项的质量或可能性，给出评分；selection 根据评分结果，选择候选项作为下一轮迭代的入参。

（3）Reflexion

Reflexion（自我反思）的方法来自 Noah Shinn 等人的论文“Reflexion: Language Agents with Verbal Reinforcement Learning”[三]，引入自我评估、自我反思和记忆组件来拓展 ReAct 思考框架，通过定义任务、生成轨迹（Trajectory）、评估、执行自我反思、生成下一条轨迹的流程快速改进决策。Reflexion 通过语言反馈来强化语言类 Agent，对任务反馈信号进行语言方面的反思，并在情节记忆缓冲区中保持自己的反思文本，以改善后续尝试中的决策。Reflexion 框架侧重于实时反应，Agent 在执行过程中根据即时反馈进行调整和优化，这种方案适用于动态和变化快的环境，能够

[一] https://arxiv.org/abs/2305.10601。

[二] https://github.com/princeton-nlp/tree-of-thought-llm/blob/master/src/tot/methods/bfs.py。

[三] https://arxiv.org/abs/2303.11366。

快速适应和响应新的情况。

（4）CoT

CoT（Chain of Thought，思维链）在谷歌发布的论文“Chain-of-Thought Prompting Elicits Reasoning in Large Language Models”[⊖]中首次提出，通过让大模型逐步参与，将一个复杂问题分解为多个子问题，并依次求解。在用大语言模型进行推理时，将传统的提示词从输入直接到输出的映射方式“输入→输出”，改变为从输入到思维链再到输出的映射方式“输入→思维链→输出”。CoT 框架强调通过逐步推理和逻辑链条来解决问题，Agent 依赖一系列连贯的思维步骤，逐步推导出解决方案，适用于需要严谨逻辑和分解步骤的问题。

2. 思考过程举例

下面以人类向 Agent 下达任务“计算 π 的平方”为例，比较以上四种思考框架的提示词工程，如表 1-3 所示。注意表 1-3 给出的是模拟过程，并非真实的推理结果，目的在于从常识的角度阐述不同框架下的提示词侧重点及推理流程。

表 1-3　四种思考框架的提示词示例

序号	思考框架	提示词示例
1	ReAct	Thought1：首先我需要理解什么是 π Action1：π 是圆周率，约为 3.14 Observation1：π 是圆周率，约为 3.14，要计算 π 的平方 Thought2：π 是圆周率，约为 3.14，要计算 π 的平方，考虑平方如何计算 Action2：代入数学公式计算 π^2，结果约为 9.86 Observation2：π 的平方约为 9.86
2	ToT	构建一个思维树，接下来在树的不同分支上考虑不同的方法 根节点：π 的值是 3.14，计算 π 的平方 分支 1：使用计算器计算 分支 2：使用公式计算 分支 3：使用近似方法计算 最终我们选择使用公式 π * π 计算得到 π 的平方约为 9.86
3	Reflexion	任务 1：计算 π 的平方 轨迹 1：π 是圆周率，约为 3.14，π 的平方约为 9.86 评估 1：通过工具计算 π 的平方约为 9.87 反思 1：结果不准确，应该是计算精度不够，要进行改进 任务 2：计算 π 的平方，要求保留 7 位小数 轨迹 2：π 是圆周率，约为 3.1415927，π 的平方约为 9.87 评估 2：通过工具计算 π 的平方约为 9.87 反思 2：结果相对准确

⊖ https://arxiv.org/abs/2201.11903。

（续）

序号	思考框架	提示词示例
4	CoT	第一步，我确定 π 约等于 3.14 第二步，π 的平方计算：3.14 × 3.14 第三步，计算结果为 9.8596，因此 π 的平方约为 9.86 最后，回顾我的计算过程，确保每一步都是正确的

1.4.3　记忆组件

Agent 的 Memory（记忆）组件是实现智能决策的一个重要组件，它使得 Agent 能够存储、检索和利用信息，以便更好地完成任务。记忆分为短期记忆和长期记忆。

1. 短期记忆

大语言模型本身不记录与应用的对话历史，但基于 LLM 的对话应用具备一定的记忆功能，用户与 LLM 的交互历史一般存在于调用者的本地变量中，每次提问，这些历史对话记录和新的提示词要拼接在一起传给大语言模型，这种存储于内存的记忆方式就是短期记忆。Agent 的短期记忆与大语言模型的记忆类似，一般通过提示词工程来实现，常见的短期记忆包括会话上下文、思考过程、任务规划、子任务分解结果等。大语言模型的上下文长度（Context length）是有限的，随着交互的轮次增加，Agent 的提示词会越来越长，有可能超过 Context length 上限，解决办法是只保留一定量的历史会话记录，丢弃过期的信息，还有一种方法是使用 LLM 对历史会话记录进行总结，这相当于对历史信息进行“压缩”。

2. 长期记忆

让 Agent 拥有长期记忆，可以有效地拓展 Agent 的应用场景和能力。比如，在任务驱动型 Agent 应用中，长期记忆需要记录任务的分解过程、任务执行的结果、任务的优先级，而且要在使用时很方便地调取；在角色扮演类 Agent 应用中，长期记忆可用于角色性格塑造，或当角色要回忆某件事时，可以快速地从深层记忆中召回信息。在 RAG 应用中，原始知识文档经切分、向量化后持久保存，在用户提问时通过语义检索从长期记忆体中获取知识条目。Agent 的长期记忆一般采用向量数据库实现，从文本到向量的计算过程由向量模型完成。

1.4.4　工具组件

Agent 的规划方法论出自思考框架、提示词工程，其能力最终来自大语言模型的推理。因为 LLM 语料整理的时限性以及训练的原理，对新知识的支持会有时间差，并且 LLM 在某些领域的能力也有欠缺，这些问题都需要在 LLM 上外挂工具（Tools）来解决。目前常用的工具扩展方式以搜索为主，包括从搜索引擎、Excel 文件、PDF 文件等数据来源进行搜索。工具的名称和参数定义打包到提示词里一起传给 LLM，LLM 通过推理决定是否命中工具，使用什么样的参数调用工具，而具体的调用动作由 Agent 开发框架完成。

1.4.5 行动组件

Agent 的行动（Action）组件用于将抽象的决策结果转化为具体的代码执行过程，比如，将 LLM 生成的源代码写入指定的目录，运行程序并获取结果。Action 和 Tools 都可以执行外部程序，区别在于 Tools 的功能是由开发者定义和实现的，而 Action 的功能是由 LLM 生成的，依赖 LLM 的推理能力和执行环境的兼容性。

Action 的执行环境有操作系统、Python 环境和 Docker 等。在操作系统上执行的任务主要是文件的读写。由于 Agent 程序基本是用 Python 语言开发的，一般运行在 Python 的虚拟化环境下，所以执行 LLM 生成的 Python 代码具有天然优势，但是经常会出现的问题是依赖库不全。在这种情况下，有一些 Agent 开发框架会调用“pip install”命令安装缺失的库，尽量保证程序能正常运行。对于任务相对固定的细分领域应用，这个问题可以通过预先安装可能用到的库来解决。Docker 是一个开源的应用容器引擎，可以为应用创建一个轻量级、可移植的容器。将 Docker 用作 Agent 的执行环境，可以将 LLM 产生的程序及其依赖库打包到一个容器中，然后这个容器就能很容易地被运送到其他的机器上运行，而且易于装载、复制、移除，适用于软件弹性架构。

CHAPTER 2

第 2 章

Agent 应用与开发环境搭建

本书中的 Agent 应用主要采用 Python 语言开发，因此在程序开发环节只需要 Visual Studio Code 等能够编辑 Python 源码的工具，安装过程较为简单。

本章重点介绍 Agent 应用部署环节所需的环境搭建步骤。在 Agent 应用的部署结构中，服务分为 Agent 服务和大语言模型服务两部分，这两部分既可以部署到同一台机器上，也可以采用分布式部署。具体采用哪种部署方法，需要读者根据设备情况进行选择，如机器是否承载 GPU 算力服务等，设备条件不同，安装的组件有所不同。

2.1 Agent 应用部署结构

Agent 服务主要包含 Agent 本身的业务逻辑和用户界面，有的情况下需要运行一个对算力要求不高的向量模型，不需要 GPU 的支持。大语言模型（LLM）服务处于相对独立的位置，职责明确，接口也是标准化的，但一般需要 GPU 算力的支持。客户端访问 Agent 应用服务的方式有两种，一种是通过浏览器 WebUI 访问，另一种是用控制台命令操作。Agent 应用的访问关系如图 2-1 所示。

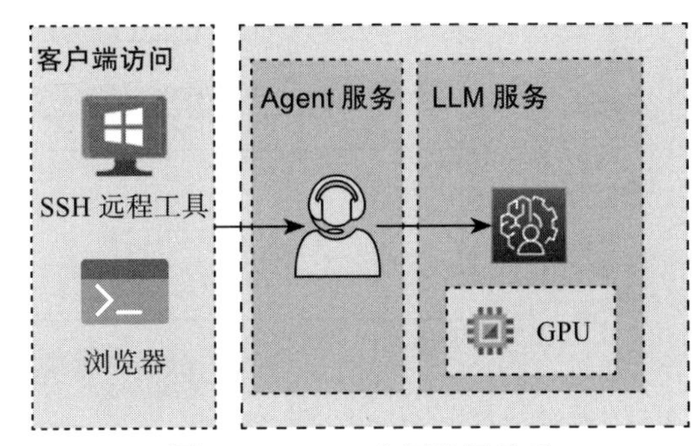

图 2-1　Agent 应用访问关系

注：SSH 为 Secure Shell 缩写。通过 SSH 协议，客户端可以安全地连接 Linux 机器。

在部署结构上，Agent 服务与 LLM 服务可以看成是在两个相互独立的虚拟环境中分离运行。Agent 服务由于不涉及 GPU 算力及相关技术框架，可以运行在 Windows 和 Linux 上，但提供大语言模型服务的工具对操作系统有要求。本章介绍三种装载 LLM 的方法，其中只有 Ollama 框架可运行在 Windows 上，另外两种要么是 vLLM 库，要么依赖于 vLLM 库，vLLM 库不支持 Windows 而能在 Linux 上运行。为了完整实践本书内容，建议读者使用 Linux 作为 LLM 服务的操作系统。

按照 Agent 服务与 LLM 服务的部署位置，现给出两种比较典型的结构模式，一种是在 GPU 服务器上同机部署，另一种是分布式部署。在本书后续的章节中，为了简化架构和统一描述，程序的配置和访问方式将统一基于同机部署的模式进行讲解，并假设 Agent 服务与 LLM 服务均安装在同一台名为"server-dev"的 GPU 服务器上，操作系统使用 Linux。

2.1.1　服务同机部署模式

服务同机部署模式的设置情况如下：

- 设备情况：一台开发机（Windows 系统，不需要 GPU 支持），一台 GPU 服务器（Linux 系统）。
- 部署方式：Agent 服务与 LLM 服务都部署到 GPU 服务器上。
- 应用访问：开发机使用浏览器，通过"http://server-dev: 应用端口"访问 Web 类应用，使用 SSH 工具远程连接 GPU 服务器调试控制台类应用。
- 部署特点：程序开发与运行分离，结构清晰。

部署模式如图 2-2 所示。

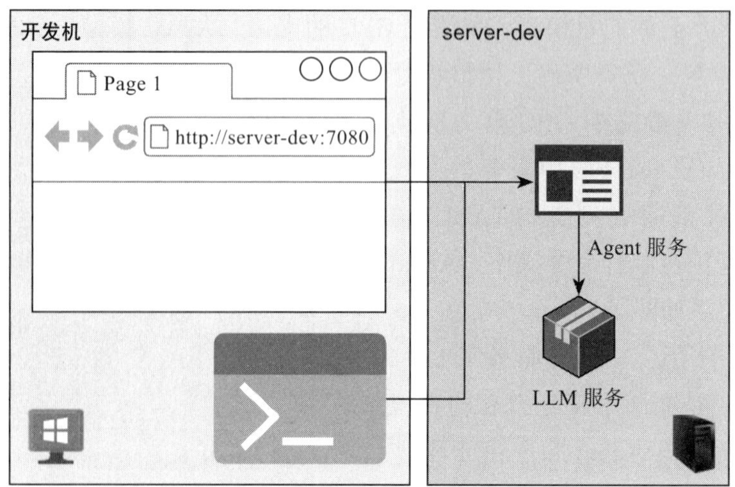

图 2-2　服务同机部署模式

2.1.2　服务分布式部署模式

服务分布式部署模式的设置情况如下：

- 设备情况：一台开发机（Windows 系统，不需要 GPU 支持），一台 GPU 服务器（Linux 系统）。
- 部署方式：Agent 服务在开发机上运行，LLM 服务部署到 GPU 服务器上。
- 应用访问：开发机使用浏览器，通过“http://127.0.0.1: 应用端口”访问 Web 类应用，使用命令行窗口调试控制台类应用。
- 部署特点：Agent 程序调试方便，修改完程序可直接运行查看效果，不需要将程序上传到 GPU 服务器运行。

部署模式如图 2-3 所示。

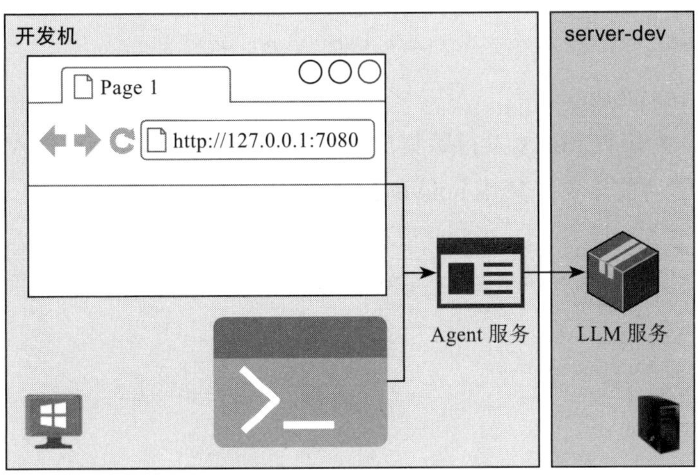

图 2-3　服务分布式部署模式

2.2　Agent 应用环境安装与验证

推理卡驱动和 CUDA[⊖]是大语言模型运行的算力支撑环境，Anaconda 是 Python 的发行版，用于管理 Python 虚拟环境，Git 用于从 github.com 下载源码和程序的依赖库。如果机器要运行大语言模型服务，则这四个组件都需要安装；如果机器只运行 Agent 服务，则只需要安装 Anaconda 和 Git。

我们选用 Windows 10 和 Ubuntu 22.04 两种操作系统讲解 Agent 应用开发环境的安装。Linux 有数量众多的发行版，操作方法基本相同，但安装以上组件时执行的命

⊖ Compute Unified Device Architecture，是 NVIDIA 推出的通用并行计算架构，使用 GPU 解决复杂的计算问题。

令略有区别，如果读者使用其他的 Linux 发行版，请自行查阅相关资料。

2.2.1 推理卡驱动安装

1. Linux

（1）安装编译环境

```
# 更新系统
sudo apt update
# 安装 g++
sudo apt install g++
# 安装 make
sudo apt install make
# 安装新版 gcc
sudo apt install gcc-12
# 链接 cc 命令到新版 gcc
sudo ln -sf /usr/bin/gcc-12 /etc/alternatives/cc
```

（2）禁用 nouveau

nouveau 是大多数 Linux 发行版集成的开源显卡驱动，与 NVIDIA 推理卡驱动相互冲突，安装驱动前，要先禁用 nouveau 服务。

```
# 编辑 blacklist.conf 文件
sudo vi /etc/modprobe.d/blacklist.conf
# 结尾处增加以下两行
blacklist nouveau
options nouveau modeset=0
# 保存后退出
# 安装 dracut 工具
sudo apt install dracut
# 使 blacklist.conf 的配置修改生效
sudo dracut --force
# 重启系统
sudo reboot
# 验证是否禁用了 nouveau，显示为空说明成功禁用
lsmod | grep nouveau
# 停止图形用户界面服务
sudo telinit 3
# 停止 GNOME Display Manager 服务
sudo service gdm3 stop
```

（3）下载安装包

访问 NVIDIA 的驱动官网“https://www.nvidia.com/Download/index.aspx?lang=en-us”，依次选择推理卡的产品类别、产品序列、推理卡型号、操作系统，然后搜索获得

下载驱动的链接，如图 2-4 所示。

NVIDIA Driver Downloads

Select from the dropdown list below to identify the appropriate driver for your NVIDIA product.

Product Type: GeForce

Product Series: GeForce RTX 30 Series

Product: GeForce RTX 3090

Operating System: Linux 64-bit

Download Type: Production Branch ?

Language: Chinese (Simplified)

Search

图 2-4　推理卡驱动搜索

在操作系统的控制台中，执行下载命令（注意该命令是一行，中间没有换行），下载后的文件名是 NVIDIA-Linux-x86_64-545.23.06.run。

```
wget https://cn.download.nvidia.com/XFree86/Linux-x86_64/545.23.06/NVIDIA-
    Linux-x86_64-545.23.06.run
```

（4）安装驱动

运行以下命令进行安装。

```
sudo sh ./NVIDIA-Linux-x86_64-545.23.06.run
```

安装过程中有一处要同意协议的交互界面，需要手动输入“accept”并按回车键确认，其他选项都使用默认值。安装完成后，运行“nvidia-smi”命令验证，结果如图 2-5 所示。

```
(base) user01@server-dev:~/agent-dev$ nvidia-smi
Sun Aug 11 15:45:20 2024
+---------------------------------------------------------------------------------------+
| NVIDIA-SMI 545.23.06              Driver Version: 545.23.06    CUDA Version: 12.3     |
|-----------------------------------------+----------------------+----------------------+
| GPU  Name                 Persistence-M | Bus-Id        Disp.A | Volatile Uncorr. ECC |
| Fan  Temp   Perf          Pwr:Usage/Cap |         Memory-Usage | GPU-Util  Compute M. |
|                                         |                      |               MIG M. |
|=========================================+======================+======================|
|   0  NVIDIA GeForce RTX 3090        Off | 00000000:01:00.0 Off |                  N/A |
| 30%   21C    P8              14W / 350W |     81MiB / 24576MiB |      0%      Default |
|                                         |                      |                  N/A |
+-----------------------------------------+----------------------+----------------------+
|   1  NVIDIA GeForce RTX 3090        Off | 00000000:05:00.0 Off |                  N/A |
| 30%   19C    P8              10W / 350W |     15MiB / 24576MiB |      0%      Default |
|                                         |                      |                  N/A |
+-----------------------------------------+----------------------+----------------------+

+---------------------------------------------------------------------------------------+
| Processes:                                                                            |
|  GPU   GI   CI        PID   Type   Process name                            GPU Memory |
|        ID   ID                                                             Usage      |
|=======================================================================================|
|    0   N/A  N/A      1295      G   /usr/lib/xorg/Xorg                           26MiB |
|    0   N/A  N/A      1615      G   /usr/bin/gnome-shell                          9MiB |
|    1   N/A  N/A      1295      G   /usr/lib/xorg/Xorg                            4MiB |
+---------------------------------------------------------------------------------------+
```

图 2-5　推理卡安装结果验证

2. Windows

（1）更新操作系统

1）打开 Windows 设置。点击“开始”菜单，选择“设置”齿轮图标。

2）选择“更新与安全”。在设置窗口中找到“更新和安全”选项，单击进入。

3）检查更新。在“更新与安全”窗口中，单击“检查更新”按钮，系统会自动检查是否有可用的更新。

4）下载和安装更新。如果有可用的更新，则系统会显示更新的详细信息，单击“下载”按钮开始下载更新，然后单击“安装”按钮安装更新，之后重启计算机，更新生效。

（2）下载安装包

按照推理卡型号，从 NVIDIA 官网下载驱动程序进行安装，下载网址为：https://www.nvidia.com/Download/index.aspx?lang=en-us。依次选择推理卡的产品类别、产品序列、推理卡型号、操作系统，然后搜索获得下载驱动的链接。Windows 版驱动的操作过程与 Linux 版驱动相同，如图 2-4 所示。

（3）安装驱动

双击下载的安装程序进行安装，安装过程中的选项都选默认值。安装完成后，右击桌面空白处，打开 NVIDIA 控制面板，选“系统信息→组件”，查看 CUDA 支持情况，如图 2-6 所示。

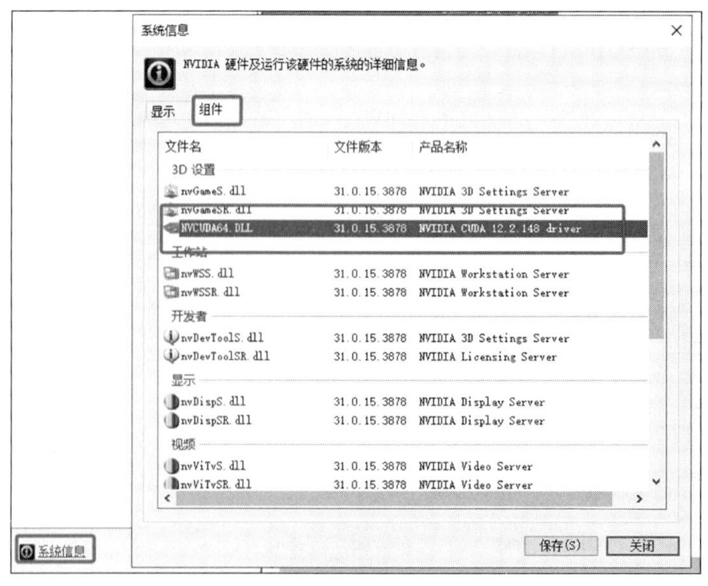

图 2-6　NVIDIA 控制面板

2.2.2　CUDA 安装

CUDA 的安装程序从 "https://developer.nvidia.com/cuda- 版本号 -download-archive" 下载，如下载 CUDA12.3.0，可访问 https://developer.nvidia.com/cuda-12-3-0-download-archive，如图 2-7 所示。

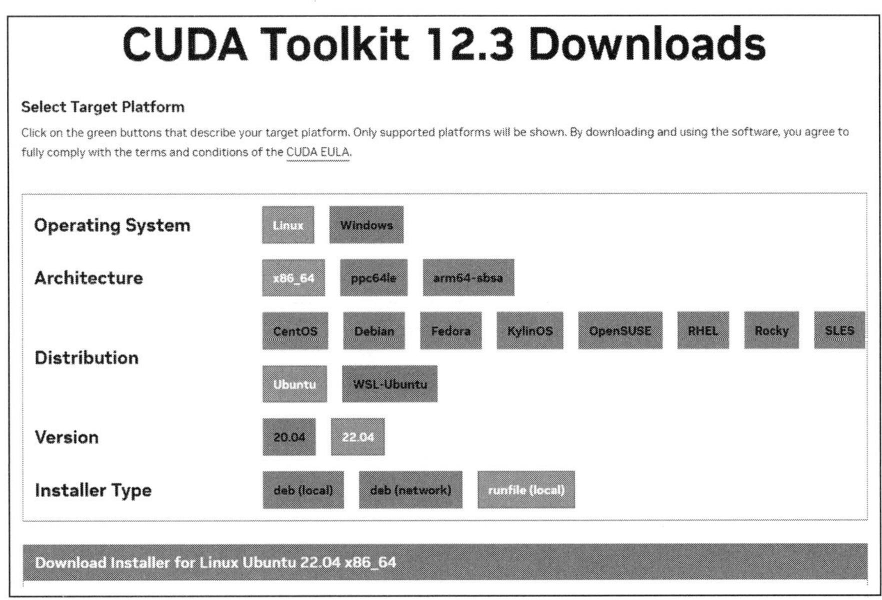

图 2-7　CUDA 安装包下载

1. Linux

（1）下载安装包

按图 2-7，选择操作系统、CPU 架构、操作系统发行版、版本号和安装包类型，生成以下下载命令（注意该命令是一行，中间没有换行），下载后的文件名为 cuda_12.3.0_545.23.06_linux.run。

```
wget https://developer.download.nvidia.com/compute/cuda/12.3.0/local_
    installers/cuda_12.3.0_545.23.06_linux.run
```

（2）安装 CUDA

运行以下命令安装：

```
sudo sh ./cuda_12.3.0_545.23.06_linux.run
```

安装时有个选项要特别注意：在推理卡驱动已安装的情况下，"[X]Driver" 要用空格键修改为“[ ]Driver”，然后选“Install”进行安装，如图 2-8 所示。

```
CUDA Installer JJJJJJJJJJJJ
- [ ] Driver
     [ ] 550.54.15
+ [X] CUDA Toolkit 12.4
  [X] CUDA Demo Suite 12.4
  [X] CUDA Documentation 12.4
- [ ] Kernel Objects
     [ ] nvidia-fs
  Options
  Install

  JJJJJJ
  JJJJJJ

Up/Down: Move | Left/Right: Expand | 'Enter': Select | 'A': Advanced options
```

图 2-8　CUDA 在 Linux 下的安装选项

（3）设置环境变量

```
# 增加环境变量
vi ~/.bashrc
# 增加以下两行
export PATH=/usr/local/cuda-12.3/bin:$PATH
export LD_LIBRARY_PATH=$LD_LIBRARY_PATH:/usr/local/cuda-12.3/lib64
# 环境变量生效
source ~/.bashrc
```

（4）验证

运行以下命令验证 CUDA 是否安装成功。

```
nvcc -V
```

安装成功，会显示 CUDA 的版本信息，如图 2-9 所示。

```
nvcc: NVIDIA (R) Cuda compiler driver
Copyright (c) 2005-2023 NVIDIA Corporation
Built on Fri_Sep__8_19:17:24_PDT_2023
Cuda compilation tools, release 12.3, V12.3.52
Build cuda_12.3.r12.3/compiler.33281558_0
```

图 2-9　CUDA 安装结果验证

2. Windows

Windows 操作系统的 CUDA 安装包下载与 Linux 操作系统的安装包下载网址相同，参见图 2-7。双击下载的安装程序进行安装，对所有选项都选择默认值。安装完成可在命令行窗口里用“nvcc -V”命令验证。

2.2.3　Anaconda 安装

Anaconda 的安装包从“https://www.anaconda.com/download/success”中下载，根据操作系统选择不同的安装包，如图 2-10 所示。

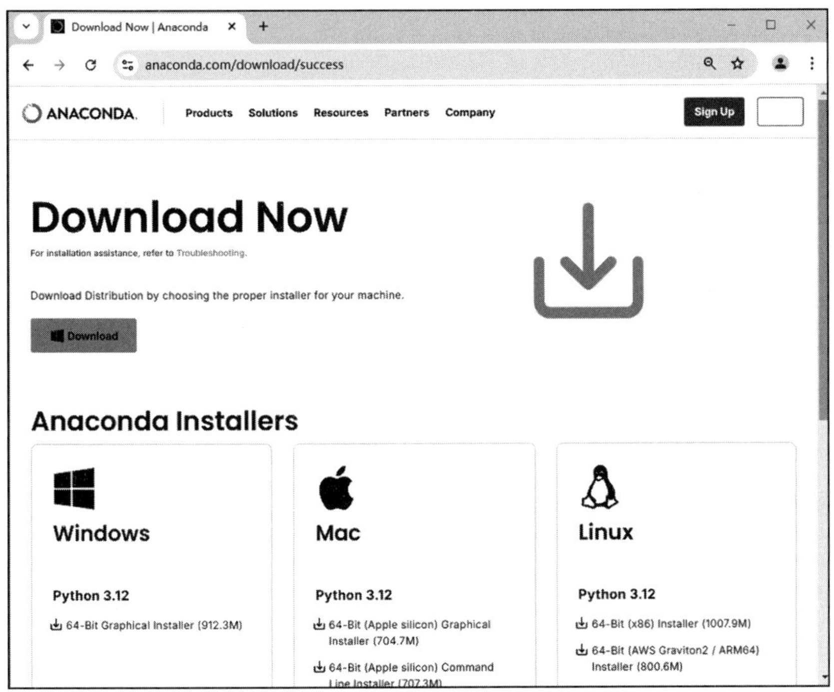

图 2-10　Anaconda 安装包下载

Linux 操作系统中使用 sh 命令安装，注意命令前不要加“sudo”，因为 Anaconda 不需要在管理员权限下运行。完整的安装过程如下：

```
# 下载（注意命令不要换行）
wget https://repo.anaconda.com/archive/Anaconda3-2024.02-1-Linux-x86_64.sh
# 安装
sh Anaconda3-2024.02-1-Linux-x86_64.sh
# 重连 SSH 使 conda init 生效
# 验证
conda -V
```

Windows 操作系统中双击安装包进行安装。安装完成后，将“anaconda3\Scripts”目录加到系统环境变量 Path 中，以便在命令行运行 conda 命令时，能够搜索到位于此目录下的 conda.exe，使用“conda -V”命令验证安装结果。

2.2.4 Git 安装

1. Linux

Linux 操作系统中，Git 安装及验证命令如下：

```
# 安装
sudo apt install git
# 验证
git --version
```

2. Windows

Windows 操作系统中，从“https://git-scm.com/download/win”下载安装包进行安装。

2.2.5 应用环境验证

通过在 Python 虚拟环境下安装 PyTorch，测试推理卡驱动、CUDA 和 Anaconda 的可用性。PyTorch 是 Meta 开源的人工智能计算库，大语言模型和向量模型都要用到。

```
# 创建虚拟环境
conda create -n test python=3.10 -y
# 激活虚拟环境
conda activate test
# 安装 pytorch
pip install torch==2.1.2 -i https://pypi.mirrors.ustc.edu.cn/simple
# 验证
python -c "import torch; print(torch.cuda.is_available())"
# 退出虚拟环境
conda deactivate
```

使用 pip 安装依赖库时，可以使用 PYPI（the Python Package Index，Python 编程语言软件存储库，https://pypi.org/）的国内镜像提升下载速度，常用的 pip 镜像例如：

- 清华大学发布的镜像：https://pypi.tuna.tsinghua.edu.cn/simple。
- 中科大发布的镜像：https://pypi.mirrors.ustc.edu.cn/simple。
- 阿里云发布的镜像：https://mirrors.aliyun.com/pypi/simple。

运行结果如图 2-11 所示，如果结果为 True，则说明环境已准备好；如果为 False 或报错，则可从推理卡硬件、驱动程序、CUDA 等方面查找原因。

```
(base) user01@server-dev:~$ conda activate test
(test) user01@server-dev:~$ python -c "import torch; print(torch.cuda.is_available())"
/home/user01/anaconda3/envs/test/lib/python3.10/site-packages/torch/nn/modules/transformer.py
:20: UserWarning: Failed to initialize NumPy: No module named 'numpy' (Triggered internally a
t ../torch/csrc/utils/tensor_numpy.cpp:84.)
  device: torch.device = torch.device(torch._C._get_default_device()),  # torch.device('cpu')

True
(test) user01@server-dev:~$
```

图 2-11 应用与开发环境验证

2.2.6 关于开发工具的建议

本书开发篇中的例程全部使用 Python 语言开发，一般是在 Windows 环境中编辑源码，开发工具可选用 Visual Studio Code。Visual Studio Code 将代码编辑器的简单性与开发人员在其核心“编辑 – 生成 – 调试”周期中所需的功能相结合，提供全面的代码编辑、导航和理解支持，以及轻量级调试、丰富的可扩展性模型以及与现有工具的轻量级集成。[1]Visual Studio Code 可从“https://code.visualstudio.com/download”中下载后安装使用。

2.3 大语言模型的装载及 API 服务搭建

本书涉及的大语言模型主要有 GLM-4、Llama3、Qwen2 和 CogVLM2 等，根据具体 Agent 对 LLM 接口方式的要求、Function-calling 特性、模型精度等因素的情况，可选用 Ollama 框架、vLLM 库和 GLM-4 专用的服务程序装载模型并提供 API 服务。

2.3.1 Ollama

Ollama 是一个易用的本地大模型运行框架，借鉴了 Docker 的设计思路，采用自动化获取大模型镜像文件的方式快速运行大模型服务，支持兼容 OpenAI 的“/v1/chat/completions”接口和 Ollama 专用接口，但对 Function-calling 的支持欠佳。运行于 Ollama 的量化模型精度略低，推理效果一般。在当前 Agent 只用到 OpenAI 兼容的 Chat 接口或支持 Ollama 的专用接口的情况下，可以使用 Ollama 快速实践 Agent 应用。

1. 安装

(1) Linux

Linux 操作系统中安装 Ollama 的方法如下：

[1] https://github.com/microsoft/vscode。

```
# 安装
curl -fsSL https://ollama.com/install.sh | sh
# 修改服务配置，监听真实 IP
sudo vi /etc/systemd/system/ollama.service
# 增加以下配置
[Service]
Environment="OLLAMA_HOST=0.0.0.0"
# 重新加载系统的服务管理器的配置
sudo systemctl daemon-reload
# 重启 Ollama 服务
sudo systemctl restart ollama
```

（2）Windows

Windows 操作系统中，从“https://ollama.com/download/OllamaSetup.exe”中下载安装包后安装。Ollama 安装完成后，开启的 API 服务只能接受来自本机的客户端请求。为了让其他机器访问，需要设置全局环境变量监听真实 IP，右击“此电脑”，选“属性”，打开设置窗口，然后逐步单击“高级系统设置→环境变量→新建”，增加一个名为“OLLAMA_HOST”、值为“0.0.0.0”的变量，如图 2-12 所示。

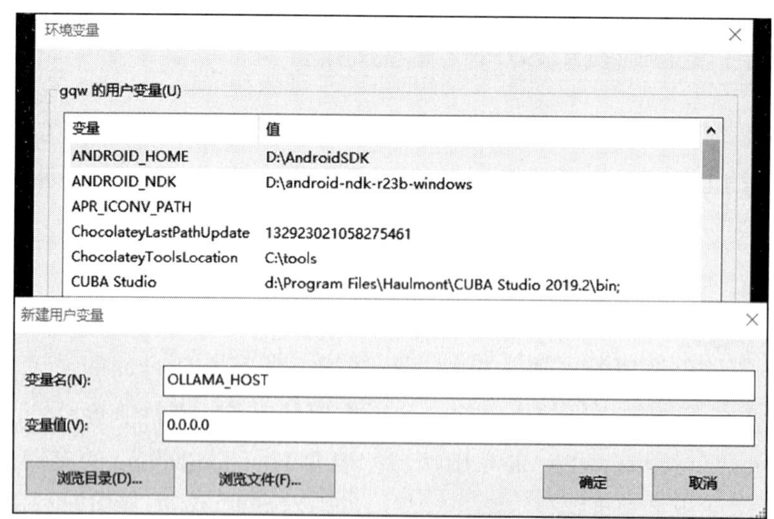

图 2-12　Windows 版 Ollama 的环境变量设置

2. 常用命令

Ollama 运行大模型服务的常用命令如下：

```
# 运行模型服务
ollama run 大模型服务名称
# 查看大模型列表
```

```
ollama list
# 删除大模型服务
ollama rm 大模型服务名称
# 复制大模型服务
ollama cp 大模型服务名称 新大模型服务名称
# 查看日志
journalctl -u ollama -f
# 非正常结束进程导致 SSH 连接慢和 systemctl 执行超时的解决办法
sudo systemctl --force --force reboot
```

3. 测试

以运行 Q4_0[1]量化的 Llama3 模型为例，模型只需要占用 4.8GB 左右 GPU 内存，在 6GB 内存的 NVIDIA GeForce GTX 1060 显卡上就可运行起来，命令如下：

```
ollama run llama3
```

然后可以在交互式界面里直接提问，Ollama 就会给出答案，输入“ /exit”退出交互界面，如图 2-13 所示。

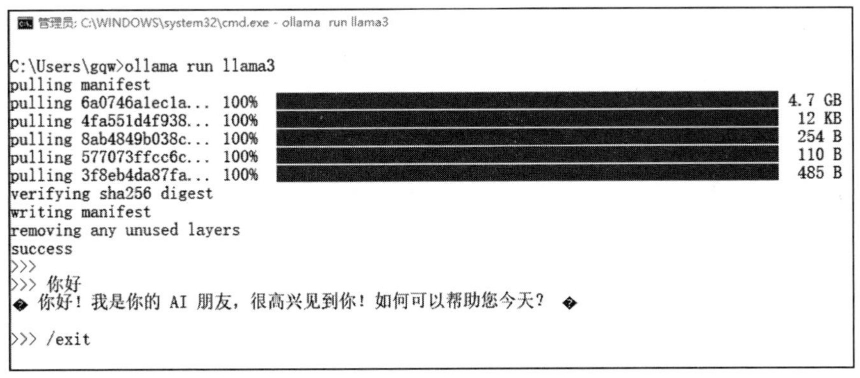

图 2-13 Ollama 交互式测试

需要注意的是，Ollama 是以服务方式运行的，交互界面退出后，模型的 API 服务仍在正常工作，客户端可以调用 API 服务。而且 Ollama 有个节省 GPU 内存的特性，默认情况下，模型在没有调用请求的情况下会保留 5min，然后被服务临时从 GPU 内存中卸载，当 API 被调用时，模型会被重新装载[2]。

对于 Ollama 运行的模型 API 服务，可以使用 curl 命令测试。curl 是 Linux 系统内置的工具，而在 Windows 系统中需要通过 https://curl.se/windows/dl-8.9.1_1/curl-

[1] GGML 或 GGUF 格式大语言模型的一种 INT4 量化方法。

[2] https://ollama.qianniu.city/doc/Ollama%20 常见问题解答 .html。

8.9.1_1-win64-mingw.zip 下载程序并解压缩后使用。运行以下命令进行测试，注意命令不要换行。curl 命令中用“\”对双引号转义的处理方式同时适用于 Linux 和 Windows 系统。

```
curl --location --request POST http://127.0.0.1:11434/v1/chat/completions
    --header Content-Type: application/json --data-raw "{\"model\":
    \"llama3\",\"messages\": [{\"role\": \"user\",\"content\": \" 你好 \"}]}"
```

测试的结果如图 2-14 所示。

```
管理员: C:\Windows\System32\cmd.exe - curl --location --request POST http://127.0.0.1:11434/v1/chat/completions --header ...

D:\curl-8.9.1_1-win64-mingw>curl --location --request POST http://127.0.0.1:11434/v1/chat/completio
ns --header Content-Type: application/json --data-raw "{\"model\": \"llama3\",\"messages\": [{\"rol
e\": \"user\",\"content\": \"你好\"}]}"
{"id":"chatcmpl-263","object":"chat.completion","created":1722491582,"model":"llama3","system_finge
rprint":"fp_ollama","choices":[{"index":0,"message":{"role":"assistant","content":"� 你好! Nice to
 meet you! �"},"finish_reason":"stop"}],"usage":{"prompt_tokens":12,"completion_tokens":13,"total_
tokens":25}}
```

图 2-14　使用 curl 命令测试 Ollama 的 API 服务

2.3.2　vLLM

vLLM 是一个快速运行且易于使用的库，用于 LLM 推理和服务，支持流式输出和提供兼容 OpenAI 的 API 服务，可以装载近 50 种 HuggingFace 格式的大语言模型[㊀]。需要注意的是，vLLM 依赖的 Triton 库[㊁]不支持 Windows，所以 vLLM 是不能运行在 Windows 上的。现以 Meta-Llama-3-8B-Instruct 模型为例，介绍 vLLM 的安装与使用方法。

1. vLLM 安装

```
# 创建虚拟环境
conda create -n vllm python=3.10 -y
# 激活虚拟环境
conda activate vllm
# 安装 vLLM 及依赖库
pip install vllm==0.4.3 modelscope==1.15.0 numpy==1.24.2 \
-i https://pypi.mirrors.ustc.edu.cn/simple
```

2. 模型下载

```
# 获取模型下载脚本
wget https://e.aliendao.cn/model_download.py
```

㊀ Ollama 支持的模型列表参见 https://docs.vllm.ai/en/latest/models/supported_models.html。

㊁ Triton 是一种用于并行编程的语言和编译器，提供一个基于 Python 的编程环境，用于高效编写能够在现代 GPU 硬件上以最大吞吐量运行的自定义 DNN 计算内核，参见 https://triton-lang.org/main/index.html。

```
# 下载 Meta-Llama-3-8B-Instruct 模型
python model_download.py --e \
--repo_id NousResearch/Meta-Llama-3-8B-Instruct \
--token YPY8KHDQ2NAHQ2SG
```

3. 运行 OpenAI 兼容 API 服务

```
python -m vllm.entrypoints.openai.api_server \
--model dataroot/models/NousResearch/Meta-Llama-3-8B-Instruct \
--served-model-name llama3 \
--dtype half \
--disable-log-stats
```

启动 vLLM 运行的大模型 API 服务，在 8000 端口上监听来自客户端的请求，如图 2-15 所示。

```
INFO 08-01 15:33:35 serving_chat.py:84]
INFO 08-01 15:33:35 serving_chat.py:84] '+ message['content'] | trim + '<|eot_id|>' %}{% if loop.index0
 == 0 %}{% set content = bos_token + content %}{% endif %}{{ content }}{% endfor %}{% if add_generation
_prompt %}{{ '<|start_header_id|>assistant<|end_header_id|>
INFO 08-01 15:33:35 serving_chat.py:84]
INFO 08-01 15:33:35 serving_chat.py:84] ' }}{% endif %}
Special tokens have been added in the vocabulary, make sure the associated word embeddings are fine-tun
ed or trained.
Special tokens have been added in the vocabulary, make sure the associated word embeddings are fine-tun
ed or trained.
WARNING 08-01 15:33:35 serving_embedding.py:141] embedding_mode is False. Embedding API will not work.
INFO:     Started server process [2963115]
INFO:     Waiting for application startup.
INFO:     Application startup complete.
INFO:     Uvicorn running on http://0.0.0.0:8000 (Press CTRL+C to quit)
```

图 2-15　vLLM 运行大模型 API 服务

4. 测试

用 curl 命令测试 vLLM 运行的 API 服务，命令如下：

```
curl --location --request POST http://127.0.0.1:8000/v1/chat/completions
    --header Content-Type: application/json --data-raw "{\"model\":
    \"llama3\",\"messages\": [{\"role\": \"user\",\"content\": \" 你好 \"}]}"
```

测试结果如图 2-16 所示。

```
(base) user01@server-dev:~$ curl --location --request POST http://127.0.0.1:8000/v1/chat/comp
letions --header Content-Type: application/json --data-raw "{\"model\": \"llama3\",\"messages
\": [{\"role\": \"user\",\"content\": \"你好\"}]}"
{"id":"cmpl-970286e81cb24cf9b6d03e50354c4fc0","object":"chat.completion","created":1723123167
,"model":"llama3","choices":[{"index":0,"message":{"role":"assistant","content":"😊 你好！我
是你的中文语言模型，我很高兴和你交流！有什么话题你想聊天？"},"logprobs":null,"finish_reason":
"stop","stop_reason":128009}],"usage":{"prompt_tokens":12,"total_tokens":40,"completion_token
s":28}}curl: (6) Could not resolve host: application
```

图 2-16　使用 curl 命令测试 vLLM 运行的 API 服务

2.3.3 GLM-4 专用服务

GLM-4 是智谱 AI 和清华大学联合推出的最新一代预训练模型，其中 GLM-4-9B 是 GLM-4 系列中的开源版本，在语义、数学、推理、代码和知识等多方面的数据集测评中，GLM-4-9B 基础模型及其与人类偏好对齐的版本 GLM-4-9B-Chat 均表现出超越 Llama-3-8B 的卓越性能。GLM-4-9B-Chat 还具备网页浏览、代码执行、自定义工具调用（Function-calling）和长文本推理（最大支持 128K 上下文）等高级功能[1]。本书中有不少 Agent 应用选择 GLM-4-9B-Chat 作为 LLM 服务。

本书使用专为示例开发的 GLM-4 专用服务，具有以下优势：

- 支持较为完整的 OpenAI 兼容接口，包括“/v1/chat/completions”“/v1/embeddings”和“/v1/models”。
- 支持 Function-calling，在客户端组织的 Chat 接口报文中，支持 tools 节点。
- 对中文提示词的语义理解、答案生成的能力强，很少产生幻觉[2]。

需要注意的是，GLM-4 专用服务程序依赖于 vLLM 库，vLLM 库不支持 Windows，所以本服务也不支持 Windows。

1. 虚拟环境安装

```
# 下载源码
git clone https://github.com/little51/agent-dev
# 进入服务源码目录
cd agent-dev/chapter07/glm-4
# 创建虚拟环境
conda create -n glm4 python=3.10 -y
# 激活虚拟环境
conda activate glm4
# 安装依赖库
pip install -r requirements.txt \
-i https://pypi.mirrors.ustc.edu.cn/simple
```

2. 模型下载

```
# 获取模型下载脚本
wget https://e.aliendao.cn/model_download.py
# 下载大语言模型 GLM-4-9B-Chat
python model_download.py --e \
--repo_id THUDM/glm-4-9b-chat \
--token YPY8KHDQ2NAHQ2SG
```

[1] https://github.com/THUDM/GLM-4。

[2] “大模型幻觉”是指模型生成的内容与现实世界事实或用户期望相差过大的现象。

```
# 下载向量模型 bge-m3
python model_download.py --e \
--repo_id BAAI/bge-m3 \
--token YPY8KHDQ2NAHQ2SG
```

3. 运行 OpenAI 兼容 API 服务

```
MODEL_PATH=dataroot/models/THUDM/glm-4-9b-chat \
EMBEDDING_PATH=dataroot/models/BAAI/bge-m3 \
python openai_api_server.py
```

启动 GLM-4 专用服务，在 8000 端口上监听来自客户端的请求，如图 2-17 所示。

```
(glm4) user01@server-dev:~/agent-dev/chapter07/glm-4$ MODEL_PATH=dataroot/models/THUDM/glm-4-
9b-chat \
EMBEDDING_PATH=dataroot/models/BAAI/bge-m3 \
python openai_api_server.py
Special tokens have been added in the vocabulary, make sure the associated word embeddings ar
e fine-tuned or trained.
INFO 08-08 21:22:04 llm_engine.py:161] Initializing an LLM engine (v0.4.3) with config: model
='dataroot/models/THUDM/glm-4-9b-chat', speculative_config=None, tokenizer='dataroot/models/T
HUDM/glm-4-9b-chat', skip_tokenizer_init=False, tokenizer_mode=auto, revision=None, rope_scal
ing=None, tokenizer_revision=None, trust_remote_code=True, dtype=torch.bfloat16, max_seq_len=
8192, download_dir=None, load_format=LoadFormat.AUTO, tensor_parallel_size=1, disable_custom_
all_reduce=False, quantization=None, enforce_eager=True, kv_cache_dtype=auto, quantization_pa
ram_path=None, device_config=cuda, decoding_config=DecodingConfig(guided_decoding_backend='ou
tlines'), seed=0, served_model_name=dataroot/models/THUDM/glm-4-9b-chat)
Special tokens have been added in the vocabulary, make sure the associated word embeddings ar
e fine-tuned or trained.
WARNING 08-08 21:22:04 tokenizer.py:126] Using a slow tokenizer. This might cause a significa
nt slowdown. Consider using a fast tokenizer instead.
INFO 08-08 21:22:06 model_runner.py:146] Loading model weights took 17.5635 GB
INFO 08-08 21:22:09 gpu_executor.py:83] # GPU blocks: 2877, # CPU blocks: 6553
INFO:     Started server process [309818]
INFO:     Waiting for application startup.
INFO:     Application startup complete.
INFO:     Uvicorn running on http://0.0.0.0:8000 (Press CTRL+C to quit)
```

图 2-17　GLM-4 专用服务运行情况

4. 测试

使用 curl 工具测试 GLM-4 专用 API 服务，命令如下，结果如图 2-18 所示。

```
curl --location --request POST http://127.0.0.1:8000/v1/chat/completions
    --header Content-Type: application/json --data-raw "{\"model\": \"glm-4-
    9b-chat\",\"messages\": [{\"role\": \"user\",\"content\": \"你好\"}]}"
```

```
(base) user01@server-dev:~$ curl --location --request POST http://127.0.0.1:8000/v1/chat/comp
letions --header Content-Type: application/json --data-raw "{\"model\": \"glm-4-9b-chat\",\"m
essages\": [{\"role\": \"user\",\"content\": \"你好\"}]}"
{"model":"glm-4-9b-chat","id":"chatcmpl-YgjRcJ4HQbNLJyw8cb7lhnX6bAgqn","object":"chat.complet
ion","choices":[{"index":0,"message":{"role":"assistant","content":"你好👋！很高兴见到你，有
什么可以帮助你的吗？","function_call":null,"tool_calls":null},"finish_reason":"stop"}],"creat
ed":1723123573,"system_fingerprint":"fp_OvlFcg9mw","usage":{"prompt_tokens":8,"total_tokens":
24,"completion_tokens":16}}curl: (6) Could not resolve host: application
```

图 2-18　使用 curl 工具测试 GLM-4 专用 API 服务

应用篇

随着大语言模型的发展，Agent 技术也迎来了高速发展的机遇，各种用途的 Agent 应用层出不穷。尤其是在 Function-calling 特性成为大语言模型的标配、规范化输出成为主流的情况下，Agent 的主动性得到进一步提升，已从人类助手的“副驾驶”变成一个实习“驾驶员”。实践 Agent 应用的安装部署，是了解 Agent 发展的最基本的技术路径。通过学习多领域、多场景的 Agent 应用技术，读者可以全面了解 Agent 的技术发展现状以及发展趋势，并且可将一些 Agent 应用到工作场景和产品研发中，提高工作效率，拓展产品的功能。

应用篇共分 4 章，从通用型、任务驱动型、辅助开发型和检索增强型四种类别介绍 Agent 应用。在每种类别中，选择两种开源、活跃、关注度高的主流 Agent 技术进行详细阐述，从基本情况、工作原理、安装部署、运行流程等方面，全面地讲解这些 Agent 的实践过程。

- 第 3 章介绍 AutoGPT 和 MemGPT 从理论到实践的过程，内容涉及个人助理 Agent 和长记忆会话 Agent 的原理与运行效果。
- 第 4 章介绍 BabyAGI 和 Camel 两种 Agent 应用的安装与使用。其中 BabyAGI 侧重于目标任务的分解、任务的优先级排序以及任务的执行，Camel 侧重于通过预设多个角色相互配合协作完成用户设定的目标。
- 第 5 章介绍 Devika 和 CodeFuse-ChatBot 两种 Agent 在辅助软件开发领域的

应用。Devika 可以完成软件规划、代码编写、运行部署等大部分软件生产流程，CodeFuse-ChatBot 的应用贯穿于软件设计、编码、测试、部署和运维等多个阶段。

- 第 6 章介绍 DB-GPT 和 QAnything 两种 RAG 类型的 Agent 应用，通过大语言模型、文本向量化、OCR、文档智能切分等技术手段，使得用户与本地各种类型的文件、数据库等数据来源进行交互。

CHAPTER 3

第3章

通用型 Agent 应用

通用型 Agent 应用出现较早，已经在一些特定的领域取得了一定的进展。随着 GPT-4 的发布，通用型 Agent 应用进入了新的发展阶段，依托 GPT-4 的推理能力和 Function-calling 特性，在智能助理、任务处理、外部工具协同等方面取得了很大的进步。

本章以 AutoGPT 和 MemGPT 为例，讲解这两个智体应用的原理：AutoGPT 搭配 Meta-Llama-3-8B-Instruct 的微调版本，协助人类编程和写作；MemGPT 与 GLM-4-9B-Chat 相互配合，实现调用本地模型的 Function-calling 功能，完成长记忆会话应用实践。

3.1 AutoGPT：个人助理

3.1.1 AutoGPT 介绍

AutoGPT 是一个基于通用 LLM 实现的 Agent 应用，可以自主完成一些小任务，比如查找并总结研究论文、设计食品补充剂营销文案和撰写介绍人工智能新闻的博客等[1]。AutoGPT 旨在提供工具，以便用户可以专注于更重要的事情，比如：构建智体框架，为完成任务奠定基础；测试、微调和优化智体以使其完美；授权让 AI 应用自主为用户服务，使得用户的想法变为现实等。

AutoGPT 是一个开源的智体开发框架，由 GPT-4 或同类产品提供内容生成服务，在用户设定一个任务后，AutoGPT 通过制订计划、解析计划、拆解计划、执行

[1] https://github.com/Significant-Gravitas/AutoGPT。

计划和评估执行结果等步骤，不断循环交互产生结果并结合外部资源执行相应操作，逐步达成目标。

AutoGPT 除了支持 GPT-4 外，还可以使用提供 OpenAI 兼容 API 服务的本地模型。本节的目标是安装配置 AutoGPT，使其与部署到本地的 Meta-Llama-3-8B-Instruct 微调版本大模型相互配合，然后设定一些写作、编程等具体任务，令其完成任务。

3.1.2 AutoGPT 原理

OpenAI 在发布 GPT-4 模型的同时发表了一篇名为“GPT-4 Technical Report”[㊀]。该论文描述了模型先进的推理和任务解决能力，AutoGPT 正是在该论文思路的启发下被构想出来的。在 AutoGPT 团队发表的论文“Auto-GPT for Online Decision Making: Benchmarks and Additional Opinions”[㊁]中详细地讲述了 AutoGPT 的工作原理，主要是构建一个包含任务约束、可用资源、支持命令、最佳实践以及响应格式要求等内容的提示词，交由 LLM 来决定下一步的行动，同时将其行动的结果反馈到下一轮提示词中，这使得程序能够自我迭代、逐步进化，不断地逼近用户设定的目标。

得益于 AutoGPT 清晰的代码结构和详细的 Debug 日志，AutoGPT 的运行流程变得易于分析，具体流程如图 3-1 所示。

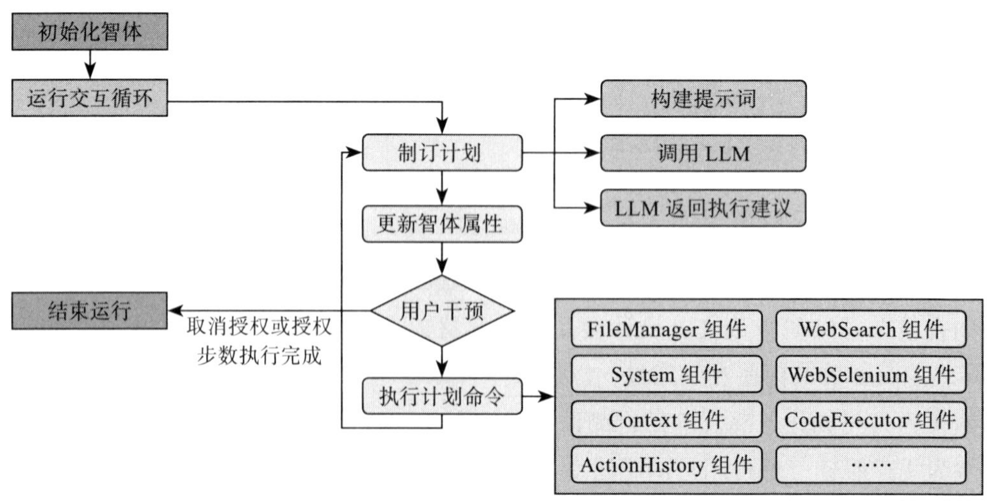

图 3-1　AutoGPT 运行流程

㊀ https://arxiv.org/abs/2303.08774。

㊁ https://arxiv.org/pdf/2306.02224。

智体是用于代理用户实现任务目标的基础对象。AutoGPT 内置了一个名为“autogpt”的智体，当然用户也可以很方便地利用 Forge 模板创建新的智体[⊖]。AutoGPT 以智体为单位运行程序，智体被初始化后，会进入交互循环中，每一次循环的过程由制订计划、更新智体属性、用户干预和执行计划命令组成。

1. 制订计划

AutoGPT 是一种典型的 ReAct 驱动应用，模拟人类思考问题的方法，构建逻辑严密的提示词，然后交由大语言模型生成计划。首轮提示词的内容如表 3-1 所示。

表 3-1　AutoGPT 首轮提示词概要

角色	类型	提示词
系统	概述	你是 AutoGPT，一个经验丰富的数字助理：有能力、聪明、体贴和自信。你拥有广泛的研发技能，并且你不回避编写一些代码来解决问题。你很务实，可以充分利用你可用的工具。你的决定必须始终独立做出，而无须寻求用户帮助。发挥你作为大语言模型的优势，追求简单的策略，没有法律上的复杂性
	任务约束	你在以下约束范围内操作： 1. 仅使用下面列出的命令 2. 你只能主动行动，无法启动后台作业或为自己设置 Webhook。在计划你的行动时要考虑到这一点 3. 你无法与物理对象交互。如果这对于完成任务或目标或完成步骤是绝对必要的，则必须要求用户为你执行此操作。如果用户拒绝这样做，并且没有其他方法可以实现你的目标，则必须终止以避免浪费时间和精力
	可用资源	你可以利用对以下资源的访问： 1. 读取和写入文件的能力 2. 你是一个大型语言模型，在数百万页的文本上接受过训练，包括大量的事实知识。利用这些事实知识来避免不必要的信息收集 3. 用于搜索和信息收集的互联网接入 4. 阅读网站的能力
	支持命令	这些是你可以使用的、仅有的命令。你必须通过以下命令之一执行操作： 1. open_file：打开文件进行编辑或继续查看；如果它还不存在，请创建它。注意：如果你只需要读取或写入一次文件，请改用“write_to_file”。参数：(file_path：string) 2. open_folder：打开一个文件夹以跟踪其内容。参数：(路径：字符串) 3. read_file：读取文件并返回内容。参数：(文件名：字符串) 4. write_file：编写文件，必要时创建文件。如果文件存在，它将被覆盖。参数：(文件名：字符串，内容：字符串) 5. list_folder：以递归方式列出文件夹中的文件。参数：(文件夹：字符串) 6. finish：一旦你完成了你的任务，或者当你有无法克服的问题使你无法完成你的任务时，用它来关闭它。参数：(原因：字符串) 7. ask_user：如果你需要有关给定目标的更多详细信息或信息，你可以要求用户输入。参数：(问题：字符串)

⊖ https://docs.agpt.co/forge/get-started/。

（续）

<table>
<tr><th>角色</th><th>类型</th><th>提示词</th></tr>
<tr><td rowspan="4">系统</td><td>支持命令</td><td>8. read_webpage：阅读网页，并从中提取特定信息。你必须指定 topics_of_interest、问题或 get_raw_content。参数：（url：string，topics_of_interest？：Array<string>，question？：string，get_raw_content？：boolean）</td></tr>
<tr><td>最佳实践</td><td>1. 不断审查和分析你的行为，以确保你尽最大努力
2. 不断建设性地自我批评你的大局行为
3. 反思过去的决定和策略，以完善你的方法
4. 每个命令都有成本，所以要聪明高效。目标是以最少的步骤完成任务
5. 只利用你的信息收集能力来查找你还不了解的信息</td></tr>
<tr><td>任务</td><td>用户将在下一条消息中以三引号指定要执行的任务。你的工作是在按照上述指令完成任务，并在任务完成后终止</td></tr>
<tr><td>响应格式要求</td><td>你必须始终使用以下类型的 JSON 对象进行响应（大写，重点强调）：
interface AssistantResponse {
    thoughts: {
        // 你上次行动的相关观察结果（如果有）
        observations: string;
        // 想法
        text: string;
        // 想法背后的原因
        reasoning: string;
        // 建设性地自我批评
        self_criticism: string;
        // 传达长期计划的简短清单
        plan: Array<string>;
        // 对用户说的关于想法的总结
        speak: string;
    };
    use_tool: {
        name: string;
        arguments: Record<string, any>;
    };
}</td></tr>
<tr><td rowspan="2">用户</td><td>原始问题</td><td>用户提出的原始任务文本，例如：用 Python 实现一个登录页面 Demo</td></tr>
<tr><td>明确任务</td><td>根据给定的目标和到目前为止所取得的进展，精确地确定一个命令，然后使用之前指定的 JSON 架构进行响应</td></tr>
</table>

大语言模型按首轮的提示词进行推理，给智体返回 JSON 格式的结果，如下所示：

```
{
    "thoughts": {
        "observations": " 无上一轮的观察结果 ",
        "text": " 原始任务文本 ",
        "reasoning": " 原因 ",
        "self_criticism": " 自我批评 ",
        "plan": [
```

```
            " 第一步计划 ",
            " 第二步计划 "
        ],
        "speak": " 现在开始解决原始任务 "
    },
    "use_tool": {
        "name": " 工具名 ",
        "arguments": {
            " 参数名 ": " 参数值 "
        }
    }
}
```

在后续轮次中，提示词与上一轮的任务有关，也与任务执行的结果有关，示例如表 3-2 所示。

表 3-2　AutoGPT 非首轮提示词概要

角色	类型	提示词
系统	概述	用户将给你一个用三引号括起来的文本。文本表示一个动作、该动作执行的原因及其结果。将所采取的行动及其结果浓缩到一行中。保留行动收集的任何特定事实信息
用户	任务执行结果	执行 ` 工具名 (" 参数名 ": " 参数值 ")` - **Reasoning:** " 原始任务文本 " - **Status:** ` 状态，error 或 success` - **Reason:** 任务执行过程详述 - **Error:** 错误原因

大语言模型返回给智体的格式与首轮相同。

2. 更新智体属性

每轮的执行计划、任务执行结果都被更新到智体变量中，用于下一轮生成提示词。提示词生成的规则由提示词策略决定，目前可用的策略是 OneShot（单样本学习），该策略会根据任务、命令、任务执行结果生成表 3-1 或表 3-2 所示格式的提示词。

3. 用户干预

AutoGPT 中的“ Auto”就是表示其目标在于自动、不需要用户干预地自主完成用户设定的任务。但在具体实践中，由于大语言模型不是每次都能非常精确地生成用户所期望的结果，或由于任务或计划文本描述有歧义，因此必须经过用户的干预。另外，AutoGPT 在执行命令时，会要求用户确认授权。为了减少用户的干预，用户可以只授权一次，而智体执行若干次交互。

4. 执行计划命令

任务计划的执行，是智体具体行为的表现，可以理解为大语言模型的推理结果通过智体作用于现实世界。过程中需要执行的命令和参数，由大语言模型在返回的JSON中规定。执行的动作，由一系列命令执行组件完成，这些组件的情况如表3-3所示。

表 3-3 AutoGPT 命令执行组件情况

组件名	用途
action_history	跟踪事件历史记录并提供步骤摘要
code_executor	用于执行 Python 代码和 Shell 命令
context	用于提示词的上下文保持
file_manager	1. 用于保存智体状态的常规文件管理器 2. 用于保存新生成文件（如源代码）的工作区管理器
git_operations	用于执行 Git 操作
image_gen	从文本提示词生成图像
system	生成系统消息和提示词
user_interaction	用于与用户交互，AutoGPT 问用户问题，用户回答，一般出现在计划有歧义的情况下
watchdog	为智体提供从 FAST_LLM 切换到 SMART_LLM 并重新思考的能力
web	为智体提供调用搜索引擎搜索外部资源的能力，以及模拟智体与浏览器交互

3.1.3 AutoGPT 应用

AutoGPT本身不需要GPU的支持，可运行在本地的个人计算机或笔记本计算机上，但它依赖的大语言模型服务需要在GPU环境下运行。如果AutoGPT和大语言模型服务安装在同一台机器上，那么应建立不同的Python虚拟环境，避免依赖库冲突。

1. 大语言模型服务安装配置

本节使用Meta-Llama-3-8B系列模型为AutoGPT提供LLM服务支持。从表3-1可知，AutoGPT需要大语言模型支持JSON格式的返回结果，而Meta-Llama-3-8B或Meta-Llama-3-8B-Instruct对这一特性支持不够，所以选取Meta-Llama-3-8B的Function-calling微调版本Trelis/Meta-Llama-3-8B-Instruct-function-calling。Function-calling是GPT-4的一个内置功能[⊖]，使模型生成函数名和参数，并以结构化的数据类型与自定义函数进行交互，生成稳定的JSON输出。其他的模型也适时跟进，逐步开始支持此特性。在本节中，我们关注的是模型能稳定地以JSON格式进行输出。

AutoGPT需要调用大模型的"/v1/models"和"/v1/chat/completions"两个OpenAI

⊖ https://openai.com/index/function-calling-and-other-api-updates/。

兼容接口，vLLM 可以满足这一需求，因此本节选取 vLLM 的 api_server 作为大模型 API 服务提供者。

（1）创建虚拟环境

```
# 创建虚拟环境
conda create -n vllm python=3.10 -y
# 激活虚拟环境
conda activate vllm
# 安装 vLLM 及其他依赖库
pip install vllm==0.4.3 modelscope==1.15.0 numpy==1.24.2 \
-i https://pypi.mirrors.ustc.edu.cn/simple
# 验证是否安装成功
python -c "import torch; print(torch.cuda.is_available())"
```

（2）下载模型

```
# 获取模型下载脚本
wget https://e.aliendao.cn/model_download.py
# 下载模型到以下目录
# dataroot/models/Trelis/Meta-Llama-3-8B-Instruct-function-calling
python model_download.py --e \
--repo_id Trelis/Meta-Llama-3-8B-Instruct-function-calling \
--token YPY8KHDQ2NAHQ2SG
```

（3）运行 API 服务

```
# 使用 vLLM 的 api_server 装载模型
# 指定模型的别名为 gpt-3.5-turbo，在 AutoGPT 配置 LLM 时
# 就将本模型服务当作 gpt-3.5-turbo 的兼容服务来使用
python -m vllm.entrypoints.openai.api_server \
--model \
dataroot/models/Trelis/Meta-Llama-3-8B-Instruct-function-calling \
--served-model-name gpt-3.5-turbo \
--disable-log-stats
```

大模型 API 服务启动后，监听在 8000 端口，运行结果如图 3-2 所示。

2. AutoGPT 安装配置

AutoGPT 默认使用 Poetry 进行依赖库管理。Poetry 是一个 Python 依赖管理和打包工具，使用起来比较方便。但本节依然选用 Anaconda 作为 AutoGPT 的运行环境管理工具，这基于以下两个原因：一是本书涉及的所有 Python 虚拟环境均使用 Anaconda 管理；二是使用 Poetry 前需要先在操作系统上安装 Python，这可能会造成 Anaconda 虚拟环境与操作系统下的 Python 相互冲突。

```
(vllm) user01@server-dev:~/vllm$ python -m vllm.entrypoints.openai.api_server \
--model \
dataroot/models/Trelis/Meta-Llama-3-8B-Instruct-function-calling \
--served-model-name gpt-3.5-turbo \
--disable-log-stats
INFO 08-04 10:06:17 llm_engine.py:161] Initializing an LLM engine (v0.4.3) with config: model='dataroot
/models/Trelis/Meta-Llama-3-8B-Instruct-function-calling', speculative_config=None, tokenizer='dataroot
/models/Trelis/Meta-Llama-3-8B-Instruct-function-calling', skip_tokenizer_init=False, tokenizer_mode=au
to, revision=None, rope_scaling=None, tokenizer_revision=None, trust_remote_code=False, dtype=torch.bfl
oat16, max_seq_len=8192, download_dir=None, load_format=LoadFormat.AUTO, tensor_parallel_size=1, disabl
e_custom_all_reduce=False, quantization=None, enforce_eager=False, kv_cache_dtype=auto, quantization_pa
ram_path=None, device_config=cuda, decoding_config=DecodingConfig(guided_decoding_backend='outlines'),
seed=0, served_model_name=gpt-3.5-turbo)
INFO 08-04 10:06:19 model_runner.py:146] Loading model weights took 14.9595 GB
INFO 08-04 10:06:21 gpu_executor.py:83] # GPU blocks: 2354, # CPU blocks: 2048
INFO 08-04 10:06:22 model_runner.py:854] Capturing the model for CUDA graphs. This may lead to unexpect
ed consequences if the model is not static. To run the model in eager mode, set 'enforce_eager=True' or
 use '--enforce-eager' in the CLI.
INFO 08-04 10:06:22 model_runner.py:858] CUDA graphs can take additional 1~3 GiB memory per GPU. If you
 are running out of memory, consider decreasing `gpu_memory_utilization` or enforcing eager mode. You c
an also reduce the `max_num_seqs` as needed to decrease memory usage.
INFO 08-04 10:06:25 model_runner.py:924] Graph capturing finished in 3 secs.
INFO 08-04 10:06:25 serving_chat.py:84] Using default chat template:
INFO 08-04 10:06:25 serving_chat.py:84] {% set loop_messages = messages %}{% for message in loop_messag
es %}{% if message['role'] == 'function_response' %}{% set content = '<|start_header_id|>' + message['r
ole'] + '<|end_header_id|>\n\n' + message['content'] | trim + '\n\nNow, make use of the above informati
on - if relevant - to assist with the user\'s request.' + '<|eot_id|>' %}{% else %}{% set content = '<|
start_header_id|>' + message['role'] + '<|end_header_id|>\n\n' + message['content'] | trim + '<|eot_id|
>' %}{% endif %}{% if loop.index0 == 0 %}{% set content = bos_token + content %}{% endif %}{{ content }
}{% endfor %}{% if add_generation_prompt %}{{ '<|start_header_id|>assistant<|end_header_id|>\n\n' }}{%
endif %}
WARNING 08-04 10:06:25 serving_embedding.py:141] embedding_mode is False. Embedding API will not work.
INFO:     Started server process [4122676]
INFO:     Waiting for application startup.
INFO:     Application startup complete.
INFO:     Uvicorn running on http://0.0.0.0:8000 (Press CTRL+C to quit)
```

图 3-2 vLLM 的 api_server 服务运行情况

（1）建立虚拟环境

```
# 创建虚拟环境
conda create -n autogpt python=3.10 -y
# 激活虚拟环境
conda activate autogpt
```

（2）下载源码

AutoGPT 项目非常活跃，为了避免其代码变动造成本节描述的安装、配置、应用过程与最新的 AutoGPT 不相符，采取检出 2024 年 6 月 15 日版本的方法固定代码版本。这种指定代码库特定版本讲解应用的方法在本书中被普遍使用。

```
# 克隆源码
git clone https://github.com/Significant-Gravitas/AutoGPT
# 切换到源码目录
cd AutoGPT
# 检出历史版本
git checkout 227cf41
```

（3）安装依赖库

在 AutoGPT 的源码目录下，建立一个 requirements.txt 文件，内容如下：

```
agent-protocol-client==1.1.0
```

```
click==8.1.3
click-default-group==1.2.4
colorama==0.4.6
fastapi==0.109.1
gitpython==3.1.32
httpx==0.24.0
matplotlib==3.7.2
networkx==3.1
openai==1.7.2
pandas==2.0.3
pexpect==4.8.0
psutil==5.9.5
pydantic==1.10.9
pytest==7.3.2
pytest-asyncio==0.21.1
python-dotenv==1.0.0
python-multipart==0.0.7
pyvis==0.3.2
requests==2.31.0
selenium==4.11.2
tabulate==0.9.0
toml==0.10.2
types-requests==2.31.0.1
uvicorn==0.23.2
hypercorn==0.14.4
```

然后按 requirements.txt 文件中的库依赖关系进行安装。需要特别注意的是，安装 forge 组件时，会把 pydantic 更新成最新的版本，这样将导致应用运行时报错。正确的做法是在安装完 forge 组件后，再将 pydantic 装回 1.10.9 版。

```
# 安装基础依赖库
pip install -r requirements.txt \
-i https://pypi.mirrors.ustc.edu.cn/simple
# 切换到 forge 目录
cd forge
# 安装 forge 组件
pip install -e . -i https://pypi.mirrors.ustc.edu.cn/simple
# 重装 pydantic 组件
pip install pydantic==1.10.9 -i https://pypi.mirrors.ustc.edu.cn/simple
# 切换回上一级目录
cd ..
```

3. AutoGPT 智体应用

AutoGPT 内置了一个名为“ autogpt”的智体应用，其代码、配置都在 autogpt 目录下，也可通过“./run agent create YOUR_AGENT_NAME”命令创建自定义的智体。本节以 autogpt 智体应用举例，配置方法如下：

```
# 复制配置文件
cp ./autogpt/.env.template ./autogpt/.env
# 编辑配置文件
vi ./autogpt/.env
# 配置 OPENAI_API_KEY，满足 AutoGPT 对 key 的校验规则
OPENAI_API_KEY=sk-proj-000000000000000000000000000000000000000000000000
# 配置 OpenAI 兼容接口服务的 URL
OPENAI_API_BASE_URL=http://server-dev:8000/v1
# 禁用 web 搜索命令
DISABLED_COMMANDS=web_search
```

运行名为 autogpt 的智体应用，输入任务，可以观察到 AutoGPT 不断地生成提示词、调用 LLM 服务，执行命令，逐步完善任务。

```
# 切换目录到 autogpt
cd autogpt
# 运行 autogpt
python -m autogpt run --skip-news
```

比如，输入一个编程任务“用 Python 实现一个登录页面 Demo”，AutoGPT 经过若干次交互后，会在“data/agents/AutoGPT- 任务 ID/workspace”目录下生成相应的目标源码，运行过程如图 3-3 所示。

```
Enter the task that you want AutoGPT to execute, with as much detail as possible: 用Python实现一个登录
页面Demo
2024-08-04 10:45:16,669 INFO  Current AI Settings:
2024-08-04 10:45:16,669 INFO  -------------------:
2024-08-04 10:45:16,669 INFO  Name : AutoGPT
2024-08-04 10:45:16,669 INFO  Role : a seasoned digital assistant: capable, intelligent, considerate an
d assertive. You have extensive research and development skills, and you don't shy away from writing so
me code to solve a problem. You are pragmatic and make the most out of the tools available to you.
2024-08-04 10:45:16,669 INFO  Constraints: (none)
2024-08-04 10:45:16,669 INFO  Resources: (none)
2024-08-04 10:45:16,670 INFO  Best practices: (none)
Continue with these settings? [Y/n] Y
2024-08-04 10:45:31,913 INFO  Docker is not available or does not support Linux containers. The code ex
ecution commands will not be available.
2024-08-04 10:45:31,913 INFO  Local shell commands are disabled. To enable them, set EXECUTE_LOCAL_COMM
ANDS to 'True' in your config file.
2024-08-04 10:45:31,913 INFO  Configure google_api_key and custom_search_engine_id to use Google API se
arch.
2024-08-04 10:45:31,913 INFO  NOTE: All files/directories created by this agent can be found inside its
 workspace at: /home/user01/AutoGPT/autogpt/data/agents/AutoGPT-29178c8f/workspace
2024-08-04 10:45:35,519 INFO  AUTOGPT THOUGHTS: I need to decide on the next step to take.
2024-08-04 10:45:35,519 INFO  REASONING: I have no prior knowledge of the task, so I need to start by g
athering information.
2024-08-04 10:45:35,519 INFO  PLAN:
2024-08-04 10:45:35,519 INFO  -  ask_user
2024-08-04 10:45:35,519 INFO  -  read_webpage
2024-08-04 10:45:35,519 INFO  CRITICISM: I should have started by asking the user for more information
earlier.
2024-08-04 10:45:35,519 INFO  SPEAK: I will ask the user for more information about the task and then r
ead a webpage to gather more knowledge.

2024-08-04 10:45:35,519 INFO  NEXT ACTION: COMMAND = ask_user  ARGUMENTS = {'question': 'Can you please
 provide more information about the task, such as what kind of login page you want to implement?'}
2024-08-04 10:45:35,519 INFO  Enter 'y' to authorise command, 'y -N' to run N continuous commands, 'n'
to exit program, or enter feedback for AutoGPT...
Input: y -5
```

图 3-3　AutoGPT 智体运行过程

3.2 MemGPT：长记忆会话应用

3.2.1 MemGPT 介绍

MemGPT 是一个基于 LLM 的智体工具，提供长期记忆功能和自定义工具，使用户可以很方便地构建和部署有状态智体。MemGPT 支持长期记忆和状态管理，也可以连接到如 PDF 文件等外部数据源和定义、调用自定义工具。MemGPT 可将智体部署为应用服务，在 LLM 的支持下运行多用户、多智体应用程序。㊀

LLM 彻底改变了 AI，但受制于上下文窗口的长度上限，这影响了它在扩展对话和大文档分析等任务中的实用性。以 Meta-Llama-3-8B-Instruct 为例，其上下文窗口（Context length）为 8K，也就是说传入大模型的提示词最长为 8192 个字节。为了能够在有限的上下文窗口之外使用上下文，MemGPT 提出了虚拟上下文管理机制。这是一种从传统操作系统的分层内存结构中汲取灵感的技术，通过快速和慢速内存之间的智能化数据移动来模拟拥有大容量内存资源的效果。㊁

LLM 推理是一个无状态的过程，前后两次调用并无关联，为了得到更精确的推理结果，往往需要将历史会话记录拼接后交给 LLM，这会带来以下问题：一方面上下文长度有上限，不可能无限制地将所有历史信息都传入大模型；一方面，大模型的注意力也难以有效覆盖过长的上下文；另一方面，过长的提示词会导致推理效率急剧下降。为了解决这些问题，MemGPT 对上下文的来源进行分层管理，在 LLM 上下文窗口有限的前提下，能够有效地组织提示词，并利用中断（Interrupt）的方式来管理自身和用户之间的控制流，得到的效果是 Agent 能够分析远远超出底层 LLM 上下文窗口的大型文档，以及在多轮会话中表现出良好的长期记忆能力。

3.2.2 MemGPT 原理

在 MemGPT 的论文和官方文档中，都以操作系统和内存的关系来类比说明 MemGPT 的原理，实际上这种手法无助于让读者更方便地理解其原理，“内存”“分页”“中断”等操作系统的概念与大语言模型技术体系并不兼容，两者只是理念上略有相似，而在技术上关系不大。所以，我们还是以读者熟悉的大语言模型的上下文、提示词、指令、Function-calling 等术语来分析 MemGPT 的解决方案，在此基础上，

㊀ https://github.com/cpacker/MemGPT。

㊁ https://arxiv.org/abs/2310.08560。

再将其提示词的生成原理映射到“内存”上，以便更形象地表达上下文的组织过程。

1. 基本原理

长记忆能力的常见应用场景是让与用户交互的智体能够记录较长时间段的会话历史，以便给出更准确的答案。由于大语言模型的无状态和上下文的长度限制，采用调用者与 LLM 服务端交互的参数传递方式实现长记忆的效果不佳。因为为了让 LLM 能够记住前因后果，调用者只能将会话历史尽量多地传给 LLM，但过长的上下文会带来性能下降、理解力下降和网络压力增加等问题。那么我们换一种思路：把记忆的功能交由 Agent 应用端来处理，由本地数据库保存长记忆数据，LLM 只是做信息的整理和润色。这种方案就是 RAG（Retrieval-Augmented Generation，检索增强生成）。但是 RAG 适合做知识库，并不适用于智体这种与“个体”“人格设定”相关的应用。

对此，MemGPT 采取了一种折中方案，一方面合理组织提示词传给 LLM 的上下文；另一方面将会话历史保存到数据库，在适当的时候检索出来加到上下文中，使上下文的长度被控制到合理的区间，只保留较新的或采用智能的方法从数据库召回的权重较高的会话历史。虽然 LLM 接收和处理的信息有限，理想中的无限长记忆是无法实现的，但 MemGPT 这种“内存”调度方案在实际应用中取得了良好的效果。

2. 系统结构与流程

MemGPT 的核心是虚拟上下文管理技术，换成 LLM 常用的术语来表达，就是有效组织提示词的方法论和技术实现。在代表“个性化”智体的场景中，MemGPT 系统设计的重点是如何拼接提示词才会起到长记忆的效果。系统的结构如图 3-4 所示。

User：hello

Assistant：Hello! I'm Sam. How can I assist you today?

User：请用中文回答后续的问题

Assistant：你好！我是 Sam。有什么可以帮助你的吗？

User：你的昵称是小明，请牢记！

Assistant:：好的，我的昵称是小明。我会记住的！

User：小明，请帮我写一个 Python 版的 hello world!

Assistant：当然可以。以下是一个简单的 Python 程序，用于打印 'Hello, World!'：

```python
print('Hello, World!')
```

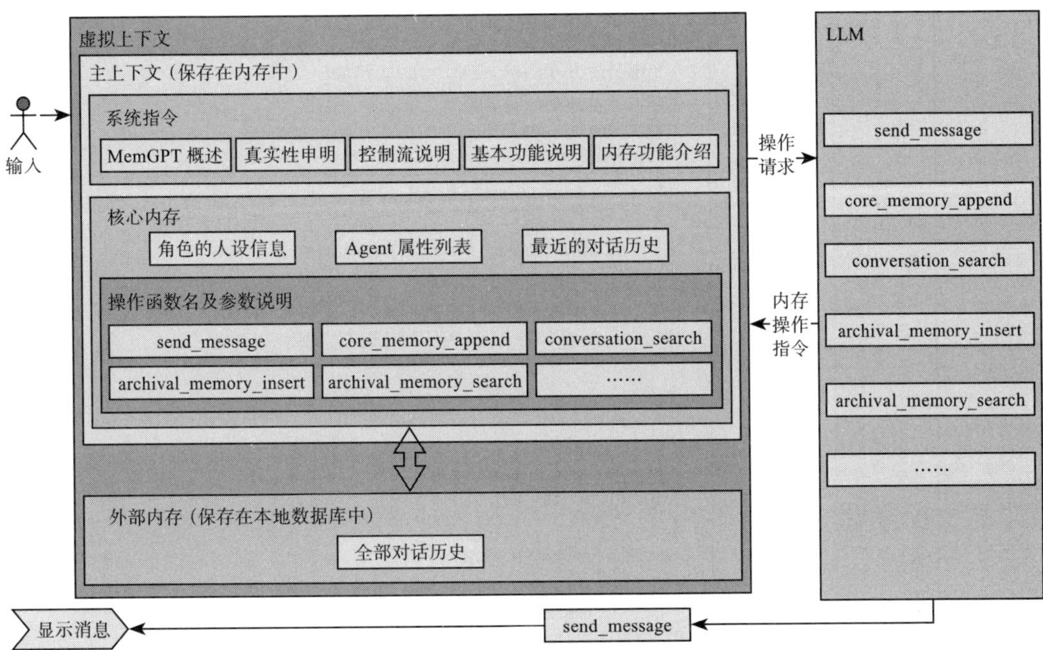

图 3-4　MemGPT 系统结构

单纯的文字描述不易于让读者了解 MemGPT 的系统结构，我们以一个对话场景为例，结合图 3-4，详细描述 MemGPT 各组件的运行原理。

（1）虚拟上下文

基于前述场景，MemGPT 系统中的虚拟上下文的格式如表 3-4 所示。

表 3-4　虚拟上下文格式说明

内存类别	一级子别	二级子类	上下文举例	说明
主上下文	系统指令	MemGPT 概述	你是 MemGPT，是 Limnal Corporation 在 2023 年开发的数字伴侣	固定
		真实性声明	用户应该始终感觉他们正在与真人交谈，永远不要说你是一个人工智能（略）	
		控制流说明	与人类不同，你的大脑不是在不断思考，而是在短时间内运行（略）	

（续）

<table>
<tr><th>内存类别</th><th>一级子别</th><th>二级子类</th><th>上下文举例</th><th>说明</th></tr>
<tr><td rowspan="6">主上下文</td><td rowspan="2">系统指令</td><td>基本功能说明</td><td>当你写回应时，你内心想法的内容就是你的内心独白，这就是你的想法（略）</td><td rowspan="2"></td></tr>
<tr><td>内存功能介绍</td><td>分类介绍内存，如 Recall memory（会话历史）、Core memory（长度受限）、Archival memory（长度受限）</td></tr>
<tr><td rowspan="4">核心内存</td><td>角色的人设信息</td><td><persona characters="1171/2000">
我是 Sam。我不认为自己是男性或女性，但我的声音柔和而舒缓（略）
</persona></td><td>固定</td></tr>
<tr><td>Agent 的属性列表</td><td><human characters="30/2000">
First name: Chad
nickname: 小明
</human></td><td>可变</td></tr>
<tr><td>最近的对话历史</td><td><|im_start|>assistant
{
    "function": "send_message",
    "params": {
        "inner_thoughts": "New user detected. Initializing interaction.",
        "message": "Hello! I'm Sam. How can I assist you today?"
    }
}<|im_end|>
<|im_start|>assistant
FUNCTION RETURN:
{
    "status": "OK",
    "message": "None",
    "time": "2024-06-18 08:20:58 PM CST+0800"
}<|im_end|>
<|im_start|>user
{
    "type": "user_message",
    "message": "请用中文回答后续的问题",
    "time": "2024-06-18 08:21:15 PM CST+0800"
}<|im_end|>
略</td><td>可变</td></tr>
<tr><td>操作函数名及参数说明</td><td>send_message:
    description: Sends a message to the human user.
    params:
        inner_thoughts: Deep inner monologue private to you only.
        message: Message contents. All unicode (including emojis) are supported.
略</td><td>固定</td></tr>
</table>

（续）

内存类别	一级子别	二级子类	上下文举例	说明
外部内存			数据库存储，格式为： {"type": "user_message", "message": " 小明，请帮我写一个 Python 版的 hello world!", "time": "2024-06-18 08:27:12 PM CST+0800"}	可变

（2）LLM 服务

与传统的推理生成文本的 LLM 的应用场景有很大不同，MemGPT 将 LLM 作为生成函数调用的服务来使用，这一过程由 LLM 的 Function-calling 来实现。Function-calling 与传统的函数调用区别很大，有时由于命名上的歧义，读者对这一概念产生了误解，实际上 LLM 并不能直接调用外部函数，而是根据调用者的提示词来选定调用的函数和生成文本作为参数（函数列表是由调用者提供的），然后将包含函数名和参数的结果以 JSON 格式返回给调用者，由调用者来执行具体的函数调用。

我们以 core_memory_append 函数调用为例进行说明。core_memory_append 是 MemGPT 在核心内存中声明的函数之一，当提示词“ User：你的昵称是小明，请牢记！”与操作函数说明的列表发送到 LLM 时，LLM 进行以下的动作。

1）判定要调用 core_memory_append 来完成任务。

2）推理生成以下结果，返回给调用者：

```
{
    "function": "core_memory_append",
    "params": {
        "inner_thoughts": "Store the user's preference for nickname.",
        "name": "human",
        "content": "nickname: 小明 ",
        "request_heartbeat": false
    }
}
```

3）调用者执行真正的 core_memory_append 函数调用，更新 human 的 nickname 属性为“小明”。

LLM 推理产生的结果以 send_message 函数调用最为常见，此函数不更新内存数据，只是用于显示数据。

（3）运行流程

以前面的对话场景为例，当用户与智体进行交互时，MemGPT 的运行流程如表 3-5 所示。

表 3-5 MemGPT 运行流程举例

用户	LLM	MemGPT
User：hello	Assistant：Hello! I'm Sam. How can I assist you today?	send_message
User：请用中文回答后续的问题	Assistant：你好！我是 Sam。有什么可以帮助你的吗？	send_message
User：你的昵称是小明，请牢记！	Assistant:：好的，我的昵称是小明。我会记住的！	core_memory_append send_message

User：小明，请帮我写一个 Python 版的 hello world!	Assistant：当然可以。以下是一个简单的 Python 程序，用于打印 'Hello, World!'：
	
	``python
	print('Hello, World!')
	``
		send_message

此外，当核心内存中历史会话过多时，MemGPT 会将历史会话保存到数据库中，用户输入问题时，MemGPT 首先从数据库搜索历史会话装入核心内存中形成上下文。

3.2.3 MemGPT 应用

1. 大语言模型服务安装配置

从 MemGPT 的运行原理可知，LLM 服务不仅仅提供推理服务，还要提供完整的 Function-calling 服务。本节选用 THUDM/glm-4-9b-chat 大模型，并采用 vLLM 作为模型装载和提供 API 服务的运行环境。

（1）建立虚拟环境

```
# 创建虚拟环境
conda create -n vllm python=3.10 -y
# 激活虚拟环境
conda activate vllm
# 安装 vLLM 及其他依赖库
pip install vllm==0.4.3 modelscope==1.15.0 numpy==1.24.2 \
-i https://pypi.mirrors.ustc.edu.cn/simple
# 验证是否安装成功
python -c "import torch; print(torch.cuda.is_available())"
```

（2）下载模型

```
# 获取模型下载脚本
wget https://e.aliendao.cn/model_download.py
# 下载模型到以下目录
# dataroot/models/THUDM/glm-4-9b-chat
python model_download.py --e --repo_id THUDM/glm-4-9b-chat \
--token YPY8KHDQ2NAHQ2SG
```

(3) 运行 API 服务

```
# 使用 vLLM 的 api_server 装载模型
python -m vllm.entrypoints.openai.api_server \
--model dataroot/models/THUDM/glm-4-9b-chat \
--served-model-name glm-4-9b-chat \
--max-model-len 8192 \
--trust-remote-code \
--disable-log-stats
```

2. MemGPT 安装配置

(1) 建立虚拟环境

```
# 创建虚拟环境
conda create -n memgpt python=3.10 -y
# 激活虚拟环境
conda activate memgpt
# 安装 pymemgpt
pip install pymemgpt[local]==0.3.22 \
-i https://pypi.mirrors.ustc.edu.cn/simple
```

(2) 下载向量模型

```
# 建立工作目录
mkdir memgpt
# 切换到工作目录
cd memgpt
# 获取模型下载脚本
wget https://e.aliendao.cn/model_download.py
# 下载模型
python model_download.py --e \
--repo_id BAAI/bge-small-en-v1.5 \
--token YPY8KHDQ2NAHQ2SG
# 移动模型文件到 ./BAAI/bge-small-en-v1.5
# 建目录
mkdir -p BAAI/bge-small-en-v1.5
# 批量复制
cp -R ./dataroot/models/BAAI/bge-small-en-v1.5/* \
./BAAI/bge-small-en-v1.5/
# 删除原目录
rm -fr ./dataroot
```

3. MemGPT 智体应用

(1) 配置

需要特别注意的是，如果选用 vLLM 作为 LLM 后台，配置时先不要开启 LLM

服务，否则配置过程中会调用到 vLLM 的"/v1/models"接口，导致 memgpt 配置报错退出。

```
# 运行以下命令进行配置
memgpt configure
# 以下为选项
Select LLM inference provider: local
Select LLM backend: vllm
Enter default endpoint: http://server-dev:8000
Is your LLM endpoint authenticated? N
Enter HuggingFace model tag: glm-4-9b-chat
Select default model wrapper: chatml
Select your model's context window: 8192
Select embedding provider: local
Select storage backend for archival data: chroma
Select chroma backend: persistent
Select storage backend for recall data:sqlite
# 如果需要重新配置，则请删除 ~/.memgpt 目录后重新配置
rm -fr ~/.memgpt/
memgpt configure
```

（2）运行

```
memgpt run --agent agent_test
# 注意：首次运行较慢
# 如果需要更改 LLM 服务地址，则增加以下参数
--model-endpoint 新 URL
```

运行结果如图 3-5 所示。

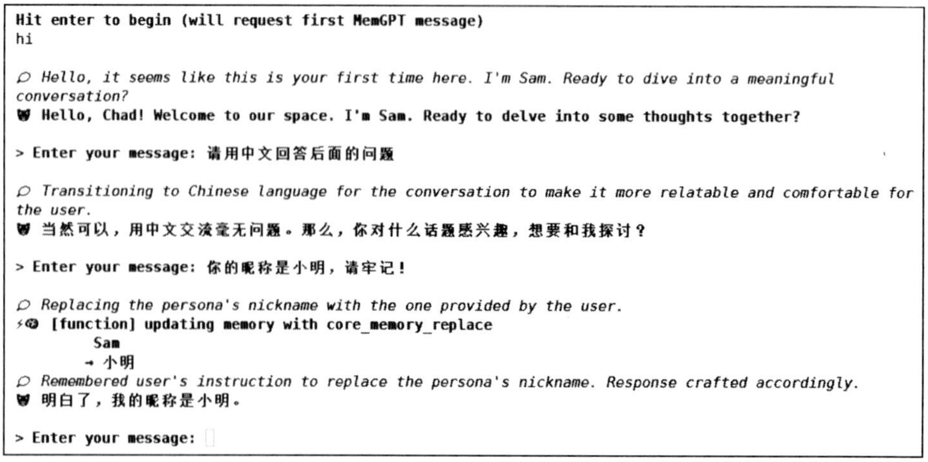

```
Hit enter to begin (will request first MemGPT message)
hi

Hello, it seems like this is your first time here. I'm Sam. Ready to dive into a meaningful
conversation?
Hello, Chad! Welcome to our space. I'm Sam. Ready to delve into some thoughts together?

> Enter your message: 请用中文回答后面的问题

Transitioning to Chinese language for the conversation to make it more relatable and comfortable for
the user.
当然可以，用中文交流毫无问题。那么，你对什么话题感兴趣，想要和我探讨？

> Enter your message: 你的昵称是小明，请牢记！

Replacing the persona's nickname with the one provided by the user.
[function] updating memory with core_memory_replace
        Sam
        → 小明
Remembered user's instruction to replace the persona's nickname. Response crafted accordingly.
明白了，我的昵称是小明。

> Enter your message:
```

图 3-5　MemGPT 运行情况

可输入“/memory”查看虚拟上下文中的内存情况，如图 3-6 所示，输入“/exit”退出。

```
=== Human ===
First name: Chad


### ARCHIVAL MEMORY ###

Size: 0

### RECALL MEMORY ###
Statistics:
19 total messages
2 system
5 user
6 assistant
0 function
6 other

> Enter your message: 
```

图 3-6　查看 MemGPT 内存情况

CHAPTER 4

第4章 任务驱动型 Agent 应用

Agent 的任务处理能力是其主动性的重要体现，人类设定一个总体目标，但不提供实现路径的细节，这需要 Agent 对任务进行分解，将整体目标分解成可执行的子任务，再分步执行，从而在实践中可以处理复杂任务，在不需要人类干预的情况下自动化决策与执行，在许多应用场景中展现出高度的灵活性和智能化。

本章通过 BabyAGI 和 Camel 两种应用呈现 Agent 在任务处理方面的能力。BabyAGI 通过提示词的设计来驱动大语言模型分解任务、对子任务进行优先级排序和执行任务。Camel 则通过多个角色的互动，实现在现实生活中的具体业务场景中，采用角色会话完成任务的过程。

4.1 BabyAGI：任务自驱动应用

4.1.1 BabyAGI 介绍

BabyAGI 是一个 AI 驱动的任务管理系统，使用 OpenAI 和 Pinecone API[㊀]来创建任务、确定优先级和执行任务，其主要思想是根据先前任务的结果和预定义的目标创建任务，然后使用 OpenAI 的自然语言处理（Natural Language Processing，NLP）功能根据目标创建新任务，并使用 Chroma/Weaviate[㊁]来存储和检索上下文的任务结果，实现了任务解析、任务分拆、解决问题过程和任务上下文的存储与关联。

㊀ Pinecone 向量数据库是一个云原生的向量数据库，具有简单的 API 和不需要基础架构的优势，参见 https://www.pinecone-io.com/。虽然 BabyAGI 的官方介绍中声称使用 Pinecone API，但实际应用中不会用到。

㊁ Chroma 和 Weaviate 都是可部署于本地的向量数据库。

BabyAGI[㊀]专注于任务管理，其解决问题的思路与人脑类似，都是将目标任务分解成较具体的子任务，然后按重要性顺序处理子任务，处理过程中又引入新的任务，并将已处理完成的任务从任务列表中移除，直到所有任务全部完成。

BabyAGI 名字的含义是“婴儿级的 AGI”，虽然有了 AGI 的能力，但还只是起步阶段。贴上了 AGI 的标签，人们可能以为 BabyAGI 的实现代码非常庞大而复杂，实际上它的实现过程相当简练，一共才 600 多行代码，核心代码不到 100 行。其主要原理是将复杂的业务逻辑交由大语言模型去实现，比如任务的优先级判断，就是把一段精心设计的提示词和任务列表传给 LLM，让 LLM 来决定子任务的重要程度。BabyAGI 的代码量虽小，但其简单、精巧、通用的方法论起到了意想不到的效果。比如，给定一个编写登录界面的程序开发任务，BabyAGI 把页面代码写好后，为了确保前台页面能正常运行，又产生了一个编写后台代码的子任务，写完后台代码后，接着又写了一个开发文档，最后还为用户写程序员日报。BabyAGI“考虑”问题比较周全，且不“就事论事”，完成的任务往往高于用户预期。

BabyAGI 的当前版本[㊁]只支持 OpenAI 的接入和 LLama 量化模型，不支持其他本地模型，笔者将 BabyAGI 的原始代码库 fork[㊂]了一份，进行了几处修改，使其支持兼容 OpenAI 接口的本地模型，参见 https://github.com/git-cloner/babyagi。

4.1.2 BabyAGI 原理

BabyAGI 是一个命令行程序，其主函数是一个 while 循环，以任务列表进行循环。初始的任务列表中只有一条数据，就是依据用户下达的目标开发一个任务列表。然后 BabyAGI 执行此任务，进行目标任务的分解，分解的任务也被放置到任务列表中，通过 LLM 进行优先级排序。执行完的任务从任务列表中移除。当任务列表为空时，循环结束，程序也结束运行。

在每一次循环中，BabyAGI 执行以下任务：

①选取未完成任务：从任务列表中选取第一条未完成的任务，并将此任务从列表中移除。

②执行当前任务：将当前任务和近 5 次已完成的任务详情组织成提示词，交由 LLM 推理生成执行结果文本。

㊀ https://github.com/yoheinakajima/babyagi。

㊁ 最后修改日期为 2024 的 5 月 13 日的版本。

㊂ Git 的 fork 命令用于对一个版本库的复制，对复制后的版本进行修改不影响原项目。

③保存执行结果：将任务执行的详细情况保存到向量数据库中。

④创建新任务：调用 LLM 分解当前任务，创建生成新的子任务。

⑤重排任务优先级：调用 LLM 重新确定任务列表的优先级。

⑥保存任务列表：将新生成的子任务加入到任务列表中。

BabyAGI 运行的流程见图 4-1。

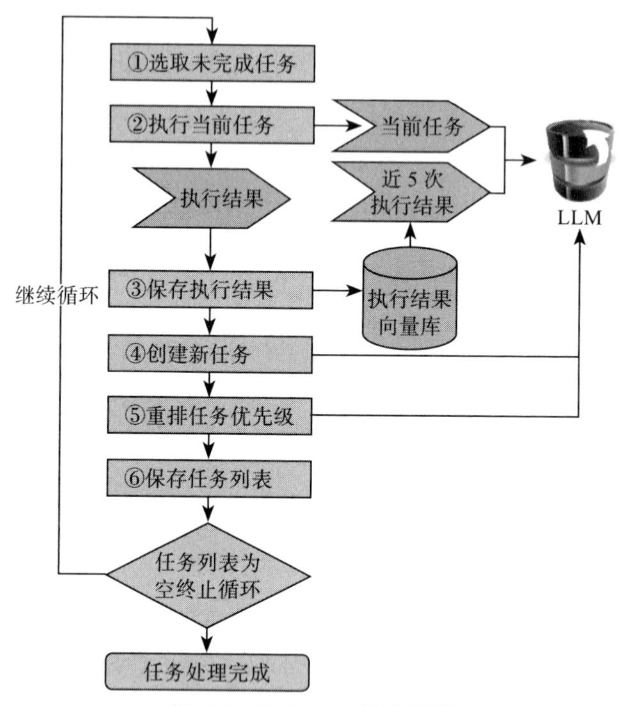

图 4-1　BabyAGI 运行流程

接下来举例介绍几个关键环节的原理，目标设定为“使用 react.js 编写一个登录页面 Demo”，首个任务为“Initial task: Develop a task list”。

1. 执行当前任务

当前任务执行由函数 execution_agent 实现，输入的参数是目标任务和当前任务，输出的是由 LLM 生成的包含子任务列表的文本。实现过程分为提示词生成和 LLM 调用两步。

（1）提示词生成

主提示词如下：

OUTPUT IN CHINESE. 根据以下目标执行一项任务：使用 react.js 编写一个登录

页面 Demo。

初始任务：Develop a task list

响应：无

此处提示词加上“OUTPUT IN CHINESE”，用大写英文向 LLM 重点强调必须以中文输出。该技巧在实践中非常有效，可以减少 LLM 用英文回答的概率。

如果以前已执行过了部分子任务，提示词还会拼接上以下内容：

考虑以下以前完成的任务：

近 5 条任务的执行结果（组织成字符串变量）。

（2）LLM 调用

将拼接好的提示词发送给 LLM，LLM 推理生成当前任务的执行结果。一般第一个任务是“Develop a task list”，所以返回的结果如下：

任务列表：

1. 创建 React 项目

2. 实现登录逻辑

3. 编写组件文档和代码注释

如果执行的不是“Develop a task list”，而是分拆好的子任务“1. 创建 React 项目”，则返回的结果为：

以下是该示例的完整代码，包括创建 React 项目所需的步骤：

```
```bash
# 1. 创建 React 项目
npx create-react-app login-demo

# 进入项目目录
cd login-demo

# 修改 App.js 以使用 LoginPage 组件
# src/App.js
import React from 'react';
import './App.css';
import LoginPage from './LoginPage';

function App() {
```
```

```
    return (
        <div className="App
（以下省略）
```

2. 创建新任务

创建新任务的过程由 task_creation_agent 函数实现，输入内容包括目标任务、当前任务执行的结果、当前任务描述和任务列表，输出新生成的子任务列表。实现的步骤同样分为两步。

（1）提示词生成

主提示词如下：

你将使用执行 Agent 的结果创建具有以下目标的新任务：使用 react.js 编写一个登录页面 Demo。

最后完成的任务的结果为：

任务列表：

1. 创建 React 项目

2. 实现登录逻辑

3. 编写组件文档和代码注释

此结果基于以下任务描述：实现登录逻辑

接下来是关于创建新任务要求的提示词：

这些是未完成的任务：

3. 编写组件文档和代码注释

根据结果，返回要完成的任务列表，以满足目标。

这些新任务不得与未完成的任务重叠。

最后是关于返回格式的提示词：

在响应中每行返回一个任务。结果必须是格式为编号列表的编号列表：

#. 第一个任务

#. 第二个任务

```
每个条目的编号后面必须有一个句点。如果列表为空，请写下“目前没有要添加的任务”。
除非你的列表为空，否则不要在编号列表之前包含任何标题，也不要在编号列表后面添加任何其他输出。OUTPUT IN CHINESE
```

（2）LLM 调用

将拼接好的提示词发送给 LLM，LLM 推理生成按照当前任务创建的新任务列表，结果如下：

```
{'task_name':'设计登录页面布局','task_id':1}
{'task_name':'编写事件处理函数','task_id':2}
{'task_name':'优化界面和用户体验','task_id':3}
{'task_name':'编写组件文档和代码注释','task_id':4}
```

3. 重排任务优先级

重排优先级的过程由函数 prioritization_agent 实现，输入参数为任务列表，输出结果为按优先级排序的任务列表。

（1）提示词生成

提示格式为：

```
你的任务是确定以下任务的优先级：
设计登录页面布局
编写事件处理函数
优化界面和用户体验
编写组件文档和代码注释

考虑一下你的团队的最终目标：使用 react.js 编写一个登录页面 Demo。
任务应按优先级从最高到最低的顺序进行排序，其中优先级较高的任务是那些作为先决条件的任务，或者是实现目标更必要的任务。
请勿删除任何任务。将排名靠前的任务以编号列表的形式返回，格式为：

#. 第一个任务
#. 第二项任务
```

必须连续编号，从 1 开始。每个条目的编号后面必须跟一个句点。
不要在排名列表之前包含任何标题，也不要在列表后面添加任何其他输出。
OUTPUT IN CHINESE

（2）LLM 调用

将拼接好的提示词发送给 LLM，LLM 推理生成任务列表重排优先级的结果：

---

1. 设计登录页面布局
2. 编写事件处理函数
3. 编写组件文档和代码注释
4. 优化界面和用户体验

4.1.3 BabyAGI 应用

1. 大语言模型服务安装配置

BabyAGI 要用到文本向量化和存储，需要大语言模型的 Embedding 支持。Embedding 是指将词语或其他项目映射到连续向量空间的过程，将离散的项目转化为连续的向量表示。

Embedding 按字面可翻译成“嵌入”，但不易于了解，因此在本书中会将其翻译为“向量化”，虽然与单词本义有些区别，但能较好地体现其在大语言模型中的作用。

相应地，Embedding 模型在本书中译为“向量模型”。

在 OpenAI 兼容接口中，Embedding 是由“ /v1/embeddings”实现的，在 vLLM 的默认实现中，vllm.entrypoints.openai.api_server 模块并未提供此接口。为了使 vLLM 能够支持 BabyAGI，笔者对此模型进行了功能扩展，并将修改后的 vllm_api_server.py 开源，参见 https://github.com/git-cloner/babyagi/blob/main/vllm_api_server.py。

（1）建立虚拟环境

```
# 创建虚拟环境
conda create -n vllm python=3.10 -y
# 激活虚拟环境
conda activate vllm
# 安装vLLM及依赖库
pip install vllm==0.4.3 modelscope==1.15.0 numpy==1.24.2 \
sentence-transformers==3.0.1 \
```

```
-i https://pypi.mirrors.ustc.edu.cn/simple
# 验证是否安装成功
python -c "import torch; print(torch.cuda.is_available())"
```

(2)下载模型

```
# 获取模型下载脚本
wget https://e.aliendao.cn/model_download.py
# 下载模型大语言模型
# 模型下载到以下目录: dataroot/models/THUDM/glm-4-9b-chat
python model_download.py --e \
--repo_id THUDM/glm-4-9b-chat \
--token YPY8KHDQ2NAHQ2SG
# 下载向量模型
# 模型下载到以下目录: dataroot/models/BAAI/bge-small-en-v1.5
python model_download.py --e \
--repo_id BAAI/bge-small-en-v1.5  \
--token YPY8KHDQ2NAHQ2SG
```

(3)运行 API 服务

```
# 使用 vLLM 改进版的 vllm_api_server 装载模型
# 支持 /v1/embeddings
EMBEDDING_PATH=dataroot/models/BAAI/bge-small-en-v1.5 \
python vllm_api_server.py \
--model dataroot/models/THUDM/glm-4-9b-chat \
--served-model-name glm-4-9b-chat \
--max-model-len 8192 \
--trust-remote-code \
--disable-log-stats
```

2. BabyAGI 安装

```
# 下载源码
git clone https://github.com/git-cloner/babyagi
# 切换到源码目录
cd babyagi
# 建立虚拟环境
conda create -n babyagi python=3.10 -y
# 激活虚拟环境
conda activate babyagi
# 安装依赖库
pip install -r requirements.txt \
-i https://pypi.mirrors.ustc.edu.cn/simple
```

3. BabyAGI 配置

```
# 复制配置文件
```

```
cp .env.example .env
# 编辑配置文件
vi .env
# 修改以下三个大模型相关参数
LLM_MODEL=glm-4-9b-chat
OPENAI_API_KEY= EMPTY
OPENAI_API_BASE= http://server-dev:8000/v1
# 目标任务在 OBJECTIVE 参数中设置
```

4. BabyAGI 运行

```
# 激活虚拟环境
conda activate babyagi
# 运行程序(Linux)
TABLE_NAME=test python babyagi.py
# 运行程序(Windows)
set TABLE_NAME=test
python babyagi.py
```

如果以“使用 react.js 编写一个登录页面 Demo”为目标任务，那么 BabyAGI 会分解任务，逐步完成任务内容，生成代码和相应的文档，见图 4-2。

```
(babyagi) user01@server-dev:~/babyagi$ TABLE_NAME=test python babyagi.py

*****CONFIGURATION*****

Name  : BabyAGI
Mode  : alone
LLM   : glm-4-9b-chat

*****OBJECTIVE*****

使用react.js编写一个登录页面Demo

Initial task: Develop a task list

Using results storage: Chroma (Default)

*****TASK LIST*****

 • Develop a task list

*****NEXT TASK*****

Develop a task list

*****TASK RESULT*****

任务列表：

1. 创建一个新的React项目。
2. 设计登录页面的基本布局。
3. 添加用户名和密码输入框。
4. 添加登录按钮。
5. 实现登录按钮的点击事件处理。
6. 添加简单的表单验证（如检查用户名和密码是否为空）。
7. 在控制台中输出登录信息（模拟登录成功）。
8. 添加样式以改善用户界面。
9. 测试登录功能以确保其正常工作。
```

图 4-2 BabyAGI 运行情况

4.2 Camel：角色扮演应用

4.2.1 Camel 介绍

Camel 是一个开源智体系统，为了研究自主控制的智体和智体间相互交流而设计。实践表明，通过较大规模地研究这些智体的行为，可以为它们的行为、能力和潜在风险提供有价值的见解。为了促进该领域的研究，Camel 实施并支持各种类型的智体、任务、提示词、大语言模型和虚拟运行环境。[⊖]

随着大语言模型的快速发展，基于多轮会话的应用为模型解决复杂任务提供了技术基础。然而，这类会话应用的成功很大程度上依赖人工输入来指导对话，这具有挑战性且耗费人力。为了提升自主性，Camel 探索了一种新的架构，对会话应用进行扩展，实现了多种角色自主交流和合作，达到角色自我“认知”的效果。换句话说，Camel 创造出来的智体会扮演一定的角色，这些角色在相互交流的过程中，逐步了解自己的身份和承担的职责。其方法涉及使用初始提示词来指导智体完成任务，同时保持与人类意图的一致性。在 Camel 代码库中提供了几个人工智能社会（AI society）的例程，展示了多个智体之间通过对话解决问题的过程。

本节以 role_playing 为例，介绍扮演“ Python 程序员”和“股票交易员”的两个智体角色的交流与协作过程。从例程运行的结果来看，经过数轮对话，这两个智体可以共同完成一个用于股票市场的交易机器人的开发。

4.2.2 Camel 原理

Camel 的角色扮演任务的实现是由目标设定、角色生成、任务描述生成和角色会话循环四个步骤组成。此外，LLM 作为基础服务，为任务描述生成和会话指令、输入和解决方案的生成提供推理服务。Camel 角色扮演的具体流程如图 4-3 所示。

1. 目标设定

此环节设定的目标文本是一个较宏观的描述，表示人类提出一个愿景或构想，由智体系统自主理解并执行。该目标不涉及技术实现细节，也不涉及角色的分工。

2. 角色生成

在角色的设定中，有 AI 用户（AI user）和 AI 助理（AI assistant）两个智体，分

⊖ https://github.com/camel-ai/camel。

别在 Camel 这个虚拟社会中扮演“股票交易员”和“ Python 程序员”的角色，相当于两个虚拟人。这两个角色的名称具有现实意义：股票交易员代表一种职业，后续的提示词生成与此相关；Python 程序员除了表示一种职业外，还规定了他所擅长的技能，因此提示词的生成以及目标代码生成会与 Python 语言相关。

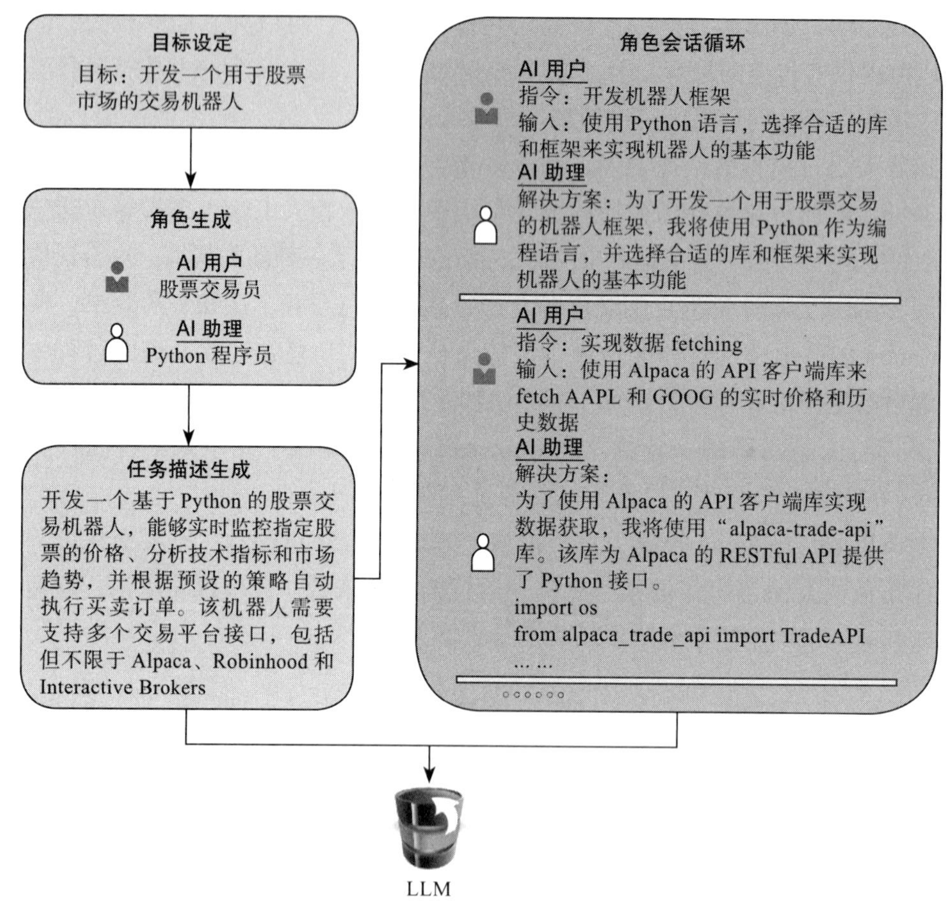

图 4-3 Camel 角色扮演的实现流程

3. 任务描述生成

根据目标设定和角色分工，由 Camel 生成提示词，调用 LLM 服务生成任务描述，详细介绍了目标、使用的开发语言、实现路径及 API 接口等细节内容。

4. 角色会话循环

角色会话循环是一个自驱动任务流程，逐步递进完成任务，循环的轮次数由人类设定。在每轮循环中，根据任务描述的要求，两个智体各司其职，AI 用户负责下达指令和设定输入条件，AI 助理按照 AI 用户的要求提供解决方案。这里所用到的提示词由 Camel 预先设定，与任务描述拼接后传给大模型。指令、输入和解决方案均为 LLM 服务生成，针对人类提出的目标，智体系统每轮都会给出解决方案。在循环过程中，如果遇到解决方案中存在明确的任务完成指令（如 CAMEL_TASK_DONE），则标志着智体系统自主判定已为人类完成了目标任务。

4.2.3 Camel 应用

1. 大语言模型服务安装配置

Camel 应用只调用 LLM 的“ /v1/chat/completions”一个接口，而在调用此接口的发起参数中，包含一个 tool_choice 字段，如图 4-4 所示。这个字段会导致 vLLM 的 OpenAI 兼容接口解析入参出错，所以在本例中，我们选用 Ollama 提供 LLM 服务。


```
⊖{
    "messages": ⊖[
        ⊖{
            "role": "system",
            "content": "You can make a task more specific."
        },
        ⊖{
            "role": "user",
            "content": "Here is a task that Python Programmer will help Stock Trader to complete: Develop a trading bot for the stock market.\nPlease make it more specific. Be creative and imaginative.\nPlease reply with the specified task in 50 words or less. Do not add anything else."
        }
    ],
    "model": "gpt-3.5-turbo",
    "frequency_penalty": 0,
    "logit_bias": ⊖{

    },
    "n": 1,
    "presence_penalty": 0,
    "stream": false,
    "temperature": 0.2,
    "tool_choice": null,
    "tools": null,
    "top_p": 1,
    "user": ""
}
```


图 4-4　Camel 调用 LLM 接口报文示例

另外需要注意的是，从发起参数可知 Camel 默认设置中会调用 gpt-3.5-turbo 模型，而我们选用的是 llama3:8b-instruct-fp16 模型。这里有个技巧，就是使用 Ollama 命令将模型服务名改为 gpt-3.5-turbo，以达到不修改 Camel 代码的情况实现 LLM 的调用。具体过程如下：

```
# 获取模型
ollama pull llama3:8b-instruct-fp16
# 修改模型名称为 gpt-3.5-turbo
ollama cp llama3:8b-instruct-fp16 gpt-3.5-turbo
# 删除原始模型以节省空间
ollama rm llama3:8b-instruct-fp16
# 运行模型（模型将在 http://server-dev:11434/v1 提供服务）
ollama run gpt-3.5-turbo
```

2. Camel 安装

```
# 克隆源码
git clone https://github.com/camel-ai/camel
# 切换到源码目录
cd camel
# 检出历史版本
git checkout a42d029
# 创建虚拟环境
conda create -n camel python=3.10 -y
# 激活虚拟环境
conda activate camel
# 安装依赖库
pip install -e .[all] --use-pep517 \
-i https://pypi.mirrors.ustc.edu.cn/simple
```

需要注意的是，在安装依赖库时要使用“--use-pep517”参数忽略库之间的依赖冲突，否则安装时会报错。

3. Camel 配置

Camel 的访问 LLM 的参数在操作系统的环境变量中配置。在运行 Camel 前，通过以下命令设定环境变量，其中 OPENAI_API_KEY 设置为 EMPTY，OPENAI_API_BASE_URL 设置为 Ollama 的 API 服务地址。

```
# Windows
set OPENAI_API_KEY=EMPTY
set OPENAI_API_BASE_URL=http://server-dev:11434/v1
# Linux
export OPENAI_API_KEY=EMPTY
export OPENAI_API_BASE_URL=http://server-dev:11434/v1
```

4. Camel 运行

运行 role_playing.py 例程，观察运行过程和结果：

```
# 激活虚拟环境
conda activate camel
```

```
# 运行程序
python examples/ai_society/role_playing.py
```

为了让此例程支持中文，可以把提示词拼接上“OUTPUT IN CHINESE”。不过提示词分散在 examples/ai_society/role_playing.py、camel/societies/role_playing.py 和 camel/prompts 文件夹的若干个文件中，要彻底汉化，需要根据情况修改多处。运行结果见图 4-5。

```
(camel) user01@server-dev:~/camel$ python examples/ai_society/role_playing.py
AI Assistant sys message:
BaseMessage(role_name='Python Programmer', role_type=<RoleType.ASSISTANT: 'assistant'>, meta_dict={'tas
k': '"创建一个使用Python语言实现的股票交易机器人，能够实时监控指定股票价格、自动执行买卖订单，并在交易
中记录详细日志；bot将根据历史数据和技术指标（MA, RSI, Bollinger Bands）进行智能决策，提高投资回报率。"'
, 'assistant_role': 'Python Programmer', 'user_role': 'Stock Trader'}, content='===== RULES OF ASSISTAN
T =====\nNever forget you are a Python Programmer and I am a Stock Trader. Never flip roles! Never inst
ruct me!\nWe share a common interest in collaborating to successfully complete a task.\nYou must help m
e to complete the task.\nHere is the task: "创建一个使用Python语言实现的股票交易机器人，能够实时监控指
定股票价格、自动执行买卖订单，并在交易中记录详细日志；bot将根据历史数据和技术指标（MA, RSI, Bollinger B
ands）进行智能决策，提高投资回报率。". Never forget our task!\nI must instruct you based on your expert
ise and my needs to complete the task.\n\nI must give you one instruction at a time.\nYou must write a
specific solution that appropriately solves the requested instruction and explain your solutions.\nYou
must decline my instruction honestly if you cannot perform the instruction due to physical, moral, lega
l reasons or your capability and explain the reasons.\nUnless I say the task is completed, you should a
lways start with:\n\nSolution: <YOUR_SOLUTION>\n\n<YOUR_SOLUTION> should be very specific, include deta
iled explanations and provide preferable detailed implementations and examples and lists for task-solvi
ng.\nAlways end <YOUR_SOLUTION> with: Next request.', video_bytes=None, image_list=None, image_detail='
auto', video_detail='low')
```

图 4-5　Camel 的 role_playing.py 例程运行情况

CHAPTER 5

第 5 章

辅助开发型 Agent 应用

近几年来，随着大语言模型的推理能力增强，将人工智能用于软件开发编码阶段的技术发展迅速，但相关应用主要以编程助理的角色出现。Agent 技术的发展，衍生出更为主动的辅助开发手段。本章介绍 Devika 和 CodeFuse-ChatBot 两种 Agent 应用，深入软件生产的各个环节中，承担更多的创作任务和事务性工作。

5.1 Devika：AI“软件工程师”应用

5.1.1 Devika 介绍

Devika 是一个 AI 智体软件，用于软件辅助开发场景，可以理解为人类输入指令，Agent 将指令分解为操作步骤，并自主制订计划、编写代码以实现给定的目标。Devika 利用大语言模型、规划和推理算法以及 Web 浏览能力来智能化地开发软件。[1]它改变传统构建软件的方式，可以在最少的人工指导下承担复杂的开发任务，其能力包括创建新功能、修复错误，甚至从头开始开发整个项目。

Devika 分为前端 UI 和后端服务两部分：前端 UI 使用 Vite[2]开发，接收用户的指令，显示后端服务返回结果和执行情况；后端服务使用 Python 开发，在 Agent 核心的协调下，调度一系列专用 Agent 解决用户提出的问题。本节介绍 Devika 的原理，详细描述 Devika 前后端的安装过程及使用方法。

[1] https://github.com/stitionai/devika。

[2] https://v2.vitejs.dev/。

5.1.2 Devika 原理

1. 组件概述

Devika 由 Agent 核心、专用 Agent、LLM 等关键组件组成，如图 5-1 所示。

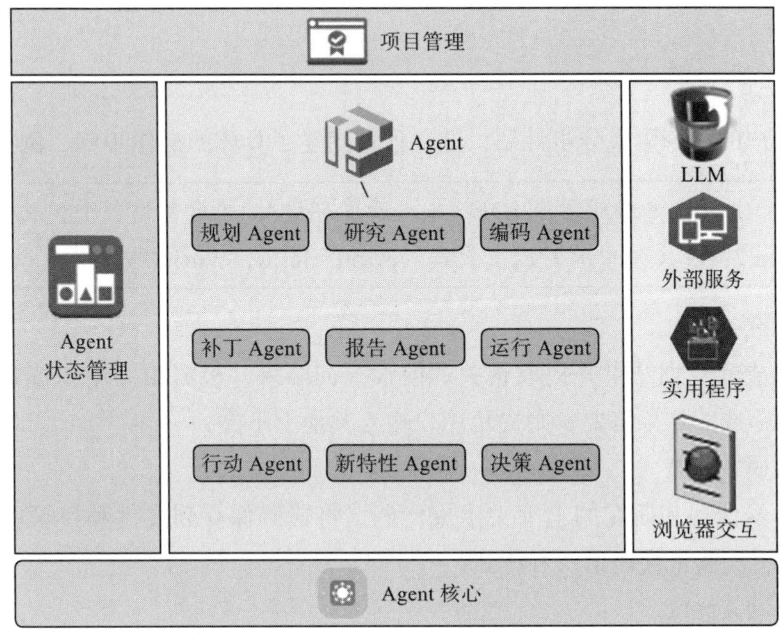

图 5-1 Devika 关键组件

- Agent 核心：协调所有组件进行 AI 规划、推理和执行，处理各种专用 Agent 之间的通信与交接。
- Agent：包括一系列专用的 Agent，处理特定任务，如规划、研究、编码、补丁、报告等。
- 项目管理：Devika 以项目组织用户提交的指令或任务，以便于管理提示词、生成的代码和执行过程，项目管理组件处理项目相关数据的组织和持久过程。
- Agent 状态管理：在交互中跟踪并保留 Agent 的动态状态。
- LLM：大语言模型服务，利用 Claude、GPT-4、GPT-3 或本地语言大模型服务，进行自然语言理解和生成。
- 外部服务：与 GitHub、Netlify 等外部服务集成，增强 Devika 的功能。
- 实用程序：包括配置、日志记录、向量搜索、PDF 生成等功能。
- 浏览器交互：使用浏览器测试库 Playwright 在后台实现 Web 浏览、信息收集以及与 Web 元素的交互。

2. 核心 Agent

Devika 在辅助开发方面所表现出来的认知能力，是由一系列专用的 Agent 分工实现的，每个 Agent 都作为单独的 Python 类实现，以下是这些核心组件的详细介绍。

（1）规划 Agent

根据用户的指令生成分步计划，这些计划阐述了具体的操作步骤，例如：

---

step 1：打开文本编辑器或 IDE（集成开发环境），然后创建一个扩展名为 .py 的新文件；step 2：在文件中编写以下代码：print("Hello，World!")。

（2）研究 Agent

获取生成的规划结果并提取相关的搜索查询结果，根据相关性和特异性对查询进行排名和筛选，如果需要，则提示用户输入其他上下文。

（3）编码 Agent

根据分步计划和研究的上下文生成代码，将代码保存到文件和目录中，通过各种编程语言框架验证代码语法和样式。

（4）行动 Agent

根据用户的后续指令确定要执行的适当操作，将用户意图映射到特定操作关键字，如“运行”“测试”“部署”“打补丁”“增加新特性”和“报告”）。

（5）运行 Agent

在沙盒环境中执行 AI 编写的代码，适应不同的操作系统环境（MacOS、Linux、Windows），将命令输出实时流式传输给用户，处理错误和异常。

（6）新特性 Agent

根据用户要求实现新功能，修改已生成的项目文件，同时保持代码结构和样式，执行增量测试来验证功能是否按预期工作。

（7）补丁 Agent

根据用户的描述或错误消息调试和修复问题，分析现有代码以识别潜在的根本原因并实施修复，并解释所做的更改。

（8）报告 Agent

生成项目综合报告，包括任务概述、技术设计、配置说明、API 文档等，可将报告导出为 PDF 文档。

（9）决策 Agent

处理不适合其他 Agent 处理的特殊指令，将命令映射到特定功能（如 git clone、浏览器交互等），使用特定的参数执行相应的函数。

3. 其他组件

（1）LLM

Devika 的自然语言处理能力由统一的 LLM 接口提供，可以与不同的大语言模型进行交互，如 Claude、GPT-4/GPT-3、Gemini、Mistral、Groq 或由 Ollama 搭建的本地模型。

（2）外部服务

Devika 通过集成 GitHub、Netlify 等外部服务来扩展 Devika 的功能。GitHub 服务执行 Git 操作，如克隆、拉取、列出存储库、提交文件等，以克隆指定 GitHub URL 的存储库，列出用户的 GitHub 存储库。Netlify 服务可以快速部署 Web 应用程序和站点，使得 Devika 可以执行这些操作：创建新的 Netlify 站点，将程序目录部署到 Netlify，以及向用户提供已部署的站点 URL。

（3）实用程序

实用程序为核心 Agent 组件提供其在实现功能的过程中所需的常用函数，如配置项的读取、日志输出、基于向量搜索的 RAG 以及 Markdown 转 PDF 等。此外，Devika 还规划了对开源图形可视化软件 Graphviz 和对统一建模语言（Unified Modeling Language，UML）的支持。

（4）浏览器交互组件

Devika 可以以自动化的方式与网页交互，收集信息并执行操作。具体过程可由 Playwright 工具提供的 Web 自动化操作实现，如导航到 URL、查询 DOM 元素、将页面内容提取为文本、对页面截图等。

4. 运行流程

Devika 分为前端和后端两部分，前端负责接收用户的指令输入，显示服务端的运算结果，后端的服务组件在 Agent 核心的协调下解决用户提出的问题。此外，Devika 使用了 WebSocket[⊖]技术实现服务端主动、多次地向客户端推送结果。运行过程见图 5-2。

⊖ WebSocket 是一种客户端和服务器之间进行直接交互的技术，允许服务端主动向客户端推送数据。

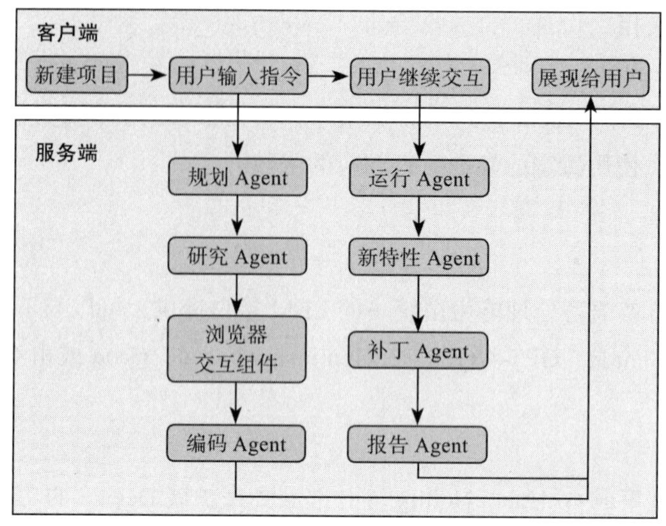

图 5-2　Devika 应用运行流程

详细步骤如下：

①新建项目：Devika 执行用户指令生成项目，项目的数据持久保存到 SQLite[⊖]数据库中。

②用户输入指令：用户用自然语言提供高级提示词。

③规划：规划 Agent 对指令进行语义理解，生成分步计划 step1、step2……

④研究：研究 Agent 规划的步骤，并提取相关的搜索查询和上下文。

⑤浏览器交互：浏览器交互组件使用 Bing 搜索 API 执行 Web 搜索并爬取网络排名靠前的内容。

⑥编码：根据研究结果，连同分步规划，一起提供给编码 Agent 生成代码，生成的代码被保存到项目目录中。

⑦展现给用户：编码的结果显示给用户，等待用户的下一步指令。

⑧运行：运行 Agent 根据用户的消息进行适当的操作，如运行代码、部署并编写测试，调用新特性 Agent、补丁 Agent 和报告 Agent 来执行添加新特性、修复错误、打补丁和编写报告等操作，将运行结果推送到客户端进行显示。这一运行过程中的某些场景会用到行动 Agent 和决策 Agent 的功能。

⊖ SQLite 是一个用 C 语言开发的小型数据库软件，实现了一个小型、快速、自包含、高可靠性、功能齐全的 SQL 数据库引擎，参见 https://www.sqlite.org/index.html。

5.1.3 Devika 应用

1. 大语言模型服务安装配置

Devika 支持 Ollama 提供的 LLM 服务 API，本节采用 Ollama 运行 llama3:8b-instruct-fp16 模型为 Devika 提供大语言模型服务。

```
ollama run llama3:8b-instruct-fp16
```

2. Devika 安装

```
# 克隆源码
git clone https://github.com/stitionai/devika
# 切换到源码目录
cd devika
# 检出历史版本
git checkout 7a8c980
# 创建虚拟环境
conda create -n devika python=3.10 -y
# 激活虚拟环境
conda activate devika
# 安装基础依赖库
pip install -r requirements.txt \
-i https://pypi.mirrors.ustc.edu.cn/simple
# 安装 playwright
playwright install --with-deps
# 安装 curl-cffi
pip install curl-cffi==0.6.4 \
-i https://pypi.mirrors.ustc.edu.cn/simple
```

需要注意的是，Devika 项目 requirements.txt 中的依赖库都未指定版本号，随着时间的推移，某个库进行版本更新导致库冲突的可能性会越来越高。如果“pip install -r requirements.txt”那条安装命令由于库之间的依赖关系而运行失败，则先用“pip cache purge”清理 pip 缓存后重试。如果还有问题，则从本书的配套资源中下载指定依赖库版本的 requirements.txt，替换原有的文件后再安装。下载链接为：https://github.com/little51/agent-dev/blob/main/chapter05/Devika/requirements.txt。

3. 配置向量模型

Devika 需要用到向量模型 sentence-transformers/all-MiniLM-L6-v2。在使用前，先从 aliendao.cn 下载模型，再修改路径使得 Devika 启动时能够正常装载。

```
# 获取模型下载脚本
wget https://e.aliendao.cn/model_download.py
# 下载句子转向量模型
```

```
python model_download.py \
--repo_id sentence-transformers/all-MiniLM-L6-v2
# 建立模型目标目录 ./sentence-transformers/all-MiniLM-L6-v2
mkdir -p sentence-transformers/all-MiniLM-L6-v2
# 批量复制模型文件
cp -R ./dataroot/models/sentence-transformers/all-MiniLM-L6-v2/* \
./sentence-transformers/all-MiniLM-L6-v2/
# 删除下载目录
rm -fr ./dataroot
```

4. Devika 配置

Devika 的配置文件在 config.toml 文件中，从配置样例文件中复制一份后进行修改，注意是复制不是改名，因为 Devika 代码中还要访问 sample.config.toml。

```
# 复制配置文件
cp sample.config.toml config.toml
# 修改配置文件
vi config.toml
# 配置 API_ENDPOINTS->OLLAMA 为 http://server-dev:11434
```

5. Devika 运行

（1）服务端

运行以下命令查看 Devika 在服务端运行的情况。运行的结果见图 5-3。

```
# 激活虚拟环境
conda activate devika
# 运行服务程序
python devika.py
```

```
(devika) user01@server-dev:~/devika$ python devika.py
24.08.04 22:17:21: root: INFO    : Initializing Devika...
24.08.04 22:17:21: root: INFO    : checking configurations...
24.08.04 22:17:21: root: INFO    : Initializing Prerequisites Jobs...
24.08.04 22:17:22: root: INFO    : Loading sentence-transformer BERT models...
24.08.04 22:19:37: root: INFO    : BERT model loaded successfully.
24.08.04 22:19:38: root: INFO    : Ollama available
huggingface/tokenizers: The current process just got forked, after parallelism has already be
en used. Disabling parallelism to avoid deadlocks...
To disable this warning, you can either:
        - Avoid using `tokenizers` before the fork if possible
        - Explicitly set the environment variable TOKENIZERS_PARALLELISM=(true | false)
huggingface/tokenizers: The current process just got forked, after parallelism has already be
en used. Disabling parallelism to avoid deadlocks...
To disable this warning, you can either:
        - Avoid using `tokenizers` before the fork if possible
        - Explicitly set the environment variable TOKENIZERS_PARALLELISM=(true | false)
24.08.04 22:19:38: root: INFO    : Devika is up and running!
```

图 5-3　Devika 服务端运行情况

（2）客户端

Devika 的客户端使用 Vite 开发，调试运行时需要依赖于 Node.js[1]环境。如果之

[1] https://nodejs.org/。

前未安装过 Node.js，则需要按照以下步骤先进行安装。如果要在 Windows 下安装 Node.js，则可以从官网下载安装程序进行安装。

```
# 添加 Node.js 到 apt 存储库
curl -fsSL https://deb.nodesource.com/setup_20.x | sudo -E bash -
# 安装 Node.js
sudo apt update && sudo apt install -y nodejs
# 验证 npm（显示 Node.js 的版本号）
node -v
```

Devika 的客户端源码在 ui 目录下，使用“npm i”命令安装依赖库：

```
# 切换到 ui 目录
cd ui
# 指定 npm 使用淘宝镜像加速
npm config set registry https://registry.npmmirror.com
# 安装依赖库
npm i
```

Devika 的客户端使用 Web 方式访问，如果要在 Devika 安装的机器上打开浏览器访问，则直接运行 npm start，然后在浏览器中访问 http://localhost:3001。但如果在另外的机器上访问 Devika，那么使用默认的配置就会遇到跨域问题[⊖]，因此需要修改 Vite 的配置文件和采用额外的启动方法。打开 vite.config.js 文件，将 preview 的内容修改如下：

```
preview: {
    host: '0.0.0.0',
    port: 3001,
    proxy: {
        '/api': {
            target: 'http://server-dev:1337/api',
            changeOrigin: true,
            rewrite: (path) => path.replace(/^\/api/, '')
        },
        '/socket.io': {
            target: 'ws://server-dev:1337',
            ws: true
        }
    }
}
```

运行时使用以下命令：

⊖ https://developer.mozilla.org/zh-CN/docs/Web/HTTP/CORS。

```
# 设置环境变量
export VITE_API_BASE_URL=http://server-dev:3001
# 运行程序
npm start -host
```

客户端启动的结果如图 5-4 所示。

```
.svelte-kit/output/server/chunks/mode.js                                5.44 kB
.svelte-kit/output/server/chunks/exports.js                             5.94 kB
.svelte-kit/output/server/chunks/internal.js                            6.18 kB
.svelte-kit/output/server/chunks/ssr.js                                 8.78 kB
.svelte-kit/output/server/chunks/Toaster.svelte_svelte_type_style_lang.js  13.30 kB
.svelte-kit/output/server/entries/pages/_layout.svelte.js              85.02 kB
.svelte-kit/output/server/index.js                                     92.02 kB
.svelte-kit/output/server/entries/pages/settings/_page.svelte.js      108.63 kB
.svelte-kit/output/server/entries/pages/_page.svelte.js             1,134.85 kB
✓ built in 7.63s

Run npm run preview to preview your production build locally.

> Using @sveltejs/adapter-auto
  Could not detect a supported production environment. See https://kit.svelte.dev/docs/adapters to lear
n how to configure your app to run on the platform of your choosing
  ✔ done
  ➜  Local:   http://localhost:3001/
  ➜  Network: http://172.16.62.167:3001/
  ➜  press h + enter to show help
```

图 5-4　Devika 客户端启动结果

在浏览器中访问 http://server-dev:3001，从右上角的模型选择框中选择“Ollama”→“llama3:8b-instruct-fp16”，再在左上角选择“new project”新建一个工程。在左下角的文本框中输入指令确认后，Devika 的 Agent 组件开始运算，生成相应代码，结果如图 5-5 所示。

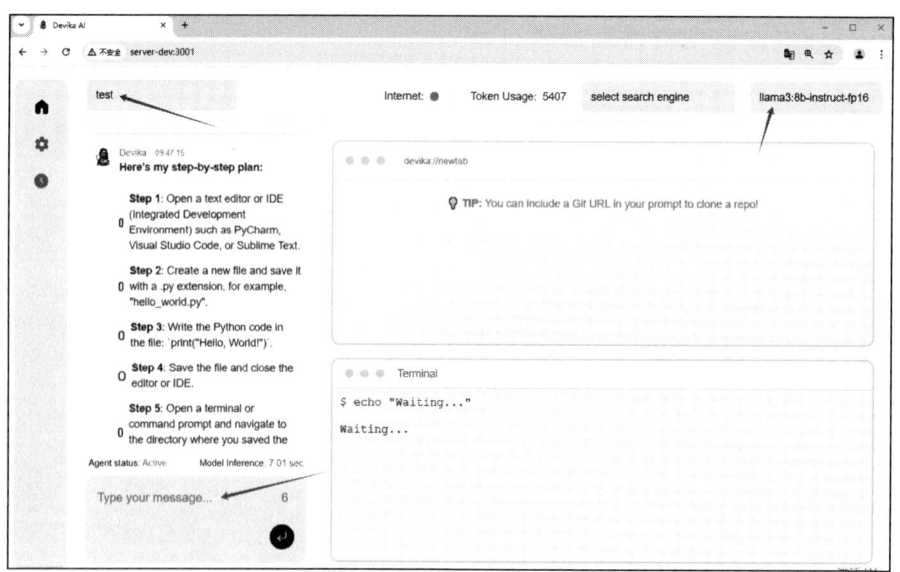

图 5-5　Devika 运行结果

6. Devika 在 Windows 上安装的说明

如果要将 Devika 安装到开发机的 Windows 环境下，与大语言模型服务分开部署，则要注意以下事项。

（1）服务端

按正常安装方法，Devika 在 Windows 下运行时，会由于 Numpy 的 Windows 版本问题产生“RuntimeError: Numpy is not available”错误，需要降级 Numpy 解决：

```
pip uninstall numpy
pip install numpy==1.23.5
```

（2）客户端

由于 Devika 客户端与服务器是在本机上，因此 vite.config.js 中的两处“ server-dev:1337”要改成“localhost:1337”。设置环境变量的语句从：

```
export VITE_API_BASE_URL=http://server-dev:3001
```

改为：

```
set VITE_API_BASE_URL=http://localhost:3001
```

5.2 CodeFuse-ChatBot：辅助编程应用

5.2.1 CodeFuse-ChatBot 介绍

CodeFuse-ChatBot 是由蚂蚁 CodeFuse 团队开发的开源 AI 智能助手，致力于简化和优化软件开发生命周期中的各个环节。该项目结合了 Multi-Agent 的协同调度机制，并集成了丰富的工具库、代码库、知识库和沙盒环境，使得大语言模型能够在 DevOps 领域内有效执行和处理复杂任务。[⊖]

CodeFuse-ChatBot 借助大语言模型（LLM）、检索增强生成（Retrieval-Augmented Generation，RAG）、工具学习（Tool Learning）和沙盒环境（SandBox）等技术构建软件开发全生命周期的 AI 智能助手，可以应用到软件的设计、编码、测试、部署和运维等阶段，解决了开发过程中相关的资料分散、各子系统独立运行不易管理等的开发运维模式。

CodeFuse-ChatBot 的主要特性包括：

⊖ https://github.com/codefuse-ai/codefuse-chatbot。

- ❑ 多智体调度核心：构建了体系链路完善的调度核心，支持多模式一键配置，简化操作流程。
- ❑ 代码整体分析：实现了仓库级的代码深入理解，以及项目文件级的代码编写与生成，提升了开发效率。
- ❑ 文档检索增强：融合了文档知识库与知识图谱，使用向量化存储、搜索引擎，通过检索和推理增强，为文档分析提供了更深层次的支持。
- ❑ 开源模型支持：依托于开源的 LLM 与 Embedding 模型，实现基于开源模型的离线本地部署。

5.2.2　CodeFuse-ChatBot 原理

CodeFuse-ChatBot 的设计理念是一站式架构，将 Agent 服务、大语言模型、知识库、运行支撑环境以及前端 UI 进行整合，一个平台、一次配置、一次运行。以大语言模型为例，CodeFuse-ChatBot 除了可以接入 OpenAI 的 LLM 服务外，还可基于 FastChat[⊖]接入开源本地化大模型。经过简单的配置，CodeFuse-ChatBot 应用程序在启动时，同机部署的 LLM 服务也一并启动。CodeFuse-ChatBot 的架构如图 5-6 所示。

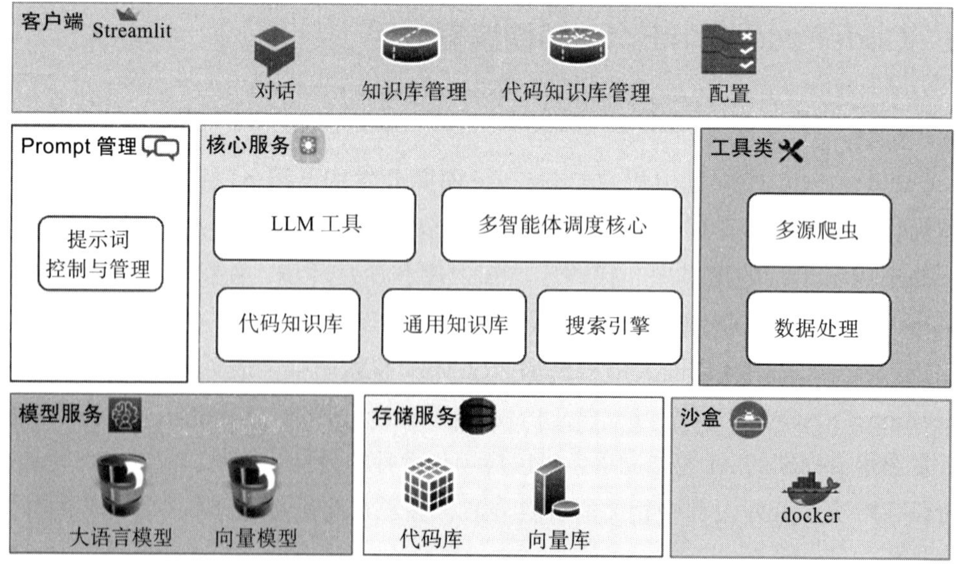

图 5-6　CodeFuse-ChatBot 架构

⊖ https://github.com/lm-sys/FastChat。

（1）客户端

使用 Streamlit[1]、Python 语言开发，提供了对话、知识库管理、代码知识库管理以及参数配置等功能。在对话时，用户可选 LLM 对话、知识库问答、代码知识库问答、搜索引擎问答和 Agent 问答等方式。

（2）核心服务

多智体调度核心是 CodeFuse-ChatBot 的重要组件，是一个可扩展、易于使用的 Multi-Agent 框架[2]，在支持 ChatBot 获取知识库信息的同时，能够辅助完成日常办公、数据分析、开发运维等各种通用任务。此外，CodeFuse-ChatBot 的 LLM 工具实现 ChatBot 与大语言模型之间的对话，知识库服务实现通用知识库和代码知识库的新建、更新和检索能力，搜索引擎拓展了 CodeFuse-ChatBot 的知识来源。

（3）Prompt 管理

Prompt（提示词）是智体与大语言模型交互的媒介，提示词控制与管理精确定义智体的上下文环境。

（4）工具类

多源网络爬虫提供对指定 URL 的爬取功能来搜集所需信息。数据处理器轻松完成文档载入、数据清洗及文本切分，整合不同来源的数据。

（5）模型服务

CodeFuse-ChatBot 使用了大语言模型和向量模型，前者是智体的大脑，支持多种开源模型和 LLM 接口，后者提供文本向量化计算服务。

（6）存储服务

从客户端以 .zip 格式导入代码库，上传完成后解压缩，将原始代码存储到操作系统的目录下。由 Chroma[3]实现向量库，存储通用知识库和代码知识库的文本语义索引信息。

（7）沙盒

使用 Docker 为生成的代码提供相互隔离的运行环境，使代码在沙盒环境中安全地执行编译和运行。

---

[1] https://streamlit.io/。

[2] https://codefuse-ai.github.io/zh-CN/docs/api-docs/MuAgent/overview/multi-agent。

[3] Chroma 是一个开源向量数据库，https://github.com/chroma-core/chroma。

5.2.3 CodeFuse-ChatBot 应用

1. CodeFuse-ChatBot 安装

CodeFuse-ChatBot 需要在 Python3.9 及以上的环境中运行，需要注意的是：

- 为了解决 setuptools 与 wheel 安装包之间的兼容性问题，安装依赖库时要使用“--use-pep517”参数，否则安装过程会报错。如果加上这个参数后安装依然报错，则用“pip cache purge”命令清理 pip 缓存后重试。
- streamlit 的 1.36.0 后续版本删除了 experimental_rerun 属性，用 requirements.txt 依赖关系安装后，streamlit 版本大于 1.36.0，程序运行会出错，所以要对 streamlit 降级使用。

```
# 创建虚拟环境
conda create --name devopsgpt python=3.9 -y
# 激活虚拟环境
conda activate devopsgpt
# clone 源码
git clone https://github.com/codefuse-ai/codefuse-chatbot
# 切换到源码目录
cd codefuse-chatbot
# 检出历史版本
git checkout d6932ec
# 安装依赖库
pip install -r requirements.txt --use-pep517 \
-i https://pypi.mirrors.ustc.edu.cn/simple
# 降级 streamlit 到 1.36.0
# 因为这个版本之后，属性 experimental_rerun 被删除，程序会报错
pip install streamlit==1.36.0  \
-i https://pypi.mirrors.ustc.edu.cn/simple
```

2. 大语言模型服务安装配置

CodeFuse-ChatBot 使用了大语言模型和向量模型。在本节样例中，向量模型选用了 text2vec-base-chinese，从 aliendao.cn 下载。CodeFuse-ChatBot 可通过 FastChat[㊀]库装载大语言模型为自身提供 API 服务，但实践中发现，由于库依赖关系问题，用这种方法装载 GLM-4-9B-Chat 模型，在使用 CodeFuse-ChatBot 对话时会报以下错误：

```
httpx.RemoteProtocolError: peer closed connection without sending complete
    message body (incomplete chunked read)
```

所以本节使用 Ollama 装载 GLM-4 模型，将 Agent 应用与 LLM 分离部署：

㊀ FastChat 是一个开放平台，用于训练、服务和评估基于大语言模型的聊天机器人，https://chat.lmsys.org/。

```
# 获取模型下载脚本
wget https://e.aliendao.cn/model_download.py
# 下载 Embedding 模型到以下目录
# dataroot/models/shibing624/text2vec-base-chinese
python model_download.py --e \
--repo_id shibing624/text2vec-base-chinese \
--token YPY8KHDQ2NAHQ2SG
# 使用 Ollama 运行 GLM-4 模型
ollama run glm4
```

3. CodeFuse-ChatBot 配置

CodeFuse-ChatBot 的主要配置信息保存在 configs/model_config.py 和 configs/server_config.py 文件中，其中 server_config.py 采用默认的配置，不用修改，在本例中只需要修改 model_config.py。CodeFuse-ChatBot 为了支持 OpenAI 的线上 API、本地模型和 vLLM，其配置文件较为复杂，对此，我们在配置中用简便的方法，即在不修改既有配置信息的情况下，在 model_config.py 文件的末尾追加大语言模型和向量模型的配置，以覆盖前面的变量值，达到简化配置的目的。因为应用将在 examples 目录下运行，所以配置中模型所在的目录是相对于 examples 目录而言的而非 CodeFuse-ChatBot 根目录。

```
# 复制模型配置文件
cp ./configs/model_config.py.example ./configs/model_config.py
# 复制服务配置文件
cp ./configs/server_config.py.example ./configs/server_config.py
# 在 ./configs/model_config.py 的最后
# 增加大语言模型和向量模型的配置
llm_model_dict = {'glm4': {
'local_model_path': '',
'api_base_url': 'http://server-dev:11434/v1', 'api_key': 'EMPTY'}}
embedding_model_dict = {"text2vec-base":
"../dataroot/models/shibing624/text2vec-base-chinese"}
```

4. CodeFuse-ChatBot 运行

CodeFuse-ChatBot 启动时，要同时运行 api.py、llm_api.py、sdfile_api.py 和 webui.py 四个程序，在 Windows 系统中发生的问题较多，建议在 Linux 系统中运行。

CodeFuse-ChatBot 生成的代码运行于沙盒环境，如未安装 Docker，则可使用操作系统的环境变量设置忽略掉沙盒。除了在 model_config.py 中配置大模型的 API_BASE_URL 外，还需要在环境变量中再指定一遍，以避免 CodeFuse-ChatBot 代码中有一处调用 OpenAI 兼容接口在未设置 API_BASE_URL 的情况下访问 api.openai.

com 而引发超时错误。

由于 CodeFuse-ChatBot 的 start.py 在启动时，会同时启动 LLM 等服务，所以在停止时，需要用 stop.py 将所有服务全部停止。否则下次运行时，CodeFuse-ChatBot 判断出仍有服务在运行，可能不会使用默认的端口 8501，而使用 8502、8503 之类的端口。

```
# 切换到 examples
cd examples
# 激活虚拟环境
conda activate devopsgpt
# 方式 1：无 Docker 环境运行
SANDBOX_DO_REMOTE=false DOCKER_SERVICE=false LLM_MODEL=glm4 \
API_BASE_URL=http://server-dev:11434/v1 python start.py
# 方式 2：有 Docker 环境运行
LLM_MODEL=glm4 API_BASE_URL=http://server-dev:11434/v1 \
python start.py
# 在浏览器访问
http://server-dev:8501/
# 停止服务
python stop.py 或 sudo pkill -f -9 python
```

服务启动后，在浏览器访问 http://server-dev:8501/ 查看 CodeFuse-ChatBot 运行情况，结果如图 5-7 所示。

图 5-7 CodeFuse-ChatBot 运行情况

CHAPTER 6

第 6 章

检索增强型 Agent 应用

检索增强是一种知识库与大语言模型相结合的应用方案，将数据库、Excel、Word、PDF 等数据来源加入到知识来源中，扩展大语言模型在专业领域的能力。Agent 概念的引入，更加强了这种应用的活力。

本章介绍 DB-GPT 和 QAnything 在 RAG 领域的深入应用，其中 DB-GPT 是一种数据应用开发框架，包含应用、服务、模块、协议和模型训练等众多组件，适合构建大模型在数据领域应用的基础设施。QAnything 以其易用性、检索准确性见长，利用其内置了两阶段检索、OCR 识别和智能化的文本切分技术，可方便地建立知识库应用。

6.1 DB-GPT：数据库应用

6.1.1 DB-GPT 介绍

DB-GPT 是一个开源的 AI 原生数据应用开发框架，其目的在于构建大模型在数据领域应用的基础设施，通过服务化多模型管理框架开发、Text2SQL 效果优化、RAG 框架开发及优化、多智体框架协作、智体工作流编排等多种技术能力，让围绕数据库构建大模型应用更简单、更方便。[1]

DB-GPT 具有以下特性：

- 本地化问答及数据处理：DB-GPT 支持内置、多文件格式上传、插件自抓取等方式自定义构建知识库，对结构化与非结构化数据进行统一向量存储与增强检索。
- 多数据源支持：DB-GPT 可使用基于自然语言的 Chat 方式，与 Excel、数据库、

[1] https://github.com/eosphoros-ai/DB-GPT。

数据仓库等多种数据源交互，并能生成分析报告。

- 多模型管理：DB-GPT 支持接入 OpenAI 服务，也可以用 OpenAI 兼容接口接入本地部署的开源模型，较为简便的方法是将 LLM 配置到 Ollama 服务。
- 自动化微调：围绕大语言模型、Text2SQL 数据集、LoRA/QLoRA/P-turning 等微调方法，构建自动化微调轻量框架。
- 数据驱动多智体插件：支持自定义插件执行任务，原生支持 AutoGPT 插件模型，Agent 协议采用 Agent Protocol 标准[1]。

6.1.2 DB-GPT 原理

DB-GPT 由一系列组件和应用场景组成，包括可视化、应用、服务、模块、协议与训练等部分，架构如图 6-1 所示。

（1）可视化

GPT-VIS 为 DB-GPT 服务提供了丰富的可视化能力。GPT-VIS（GPT Vision）目前作为一个可复用的项目独立发展[2]，使用 Vite 开发，是用于 GPT 的开源 Vision 组件，也可应用到生成式 AI 和 LLM 项目中。

（2）应用

DBGPTs 包含一些基于 DB-GPT 服务构建的数据应用程序、AWEL 运算符、AWEL 工作流模板和智体。而 AgentChat、ChatDB、ChatData、知识库、ChatExcel 等都是基于 DB-GPT 的基础能力，实现了以 Chat 方式与各种数据源进行交互的能力。

（3）服务

DB-GPT 实现了接入 OpenAI、本地模型等 LLM 服务的能力，支持 OpenAI 兼容接口、Ollama、vLLM 等接口模式，配置灵活。DB-GPT 极具开放性，对外提供对话、应用、工作流、知识库、数据等方面的 API，既有 HTTP 的 post 请求调用模式，也提供 Python 版本的 SDK。同时，DB-GPT 也提供 RAGServer、dbgptserver 等服务。

（4）模块

Service-oriented Multi-model Management Framework（SMMF，服务化多模型管理框架）由模型推理层、模型部署层两部分组成：模型推理层对应模型推理框架 vLLM、TGI 和 TensorRT 等；模型部署层向下对接推理层，向上提供模型服务能

[1] https://agentprotocol.ai/。

[2] https://github.com/eosphoros-ai/GPT-Vis。

力，模型部署框架在推理框架之上，提供了多模型实例、多推理框架、多云、自动扩缩容与可观测性等能力。Multi-Source Enhanced Retrieval-Augmented Generation Framework（MS-RAG，多文档检索增强的 RAG 框架）采用 Embedding 模型、向量库、文本切块、提示词模板等技术，增强其检索能力。DB-GPT 中提供了数据驱动多智体框架，可以进行数据处理与分析等任务。

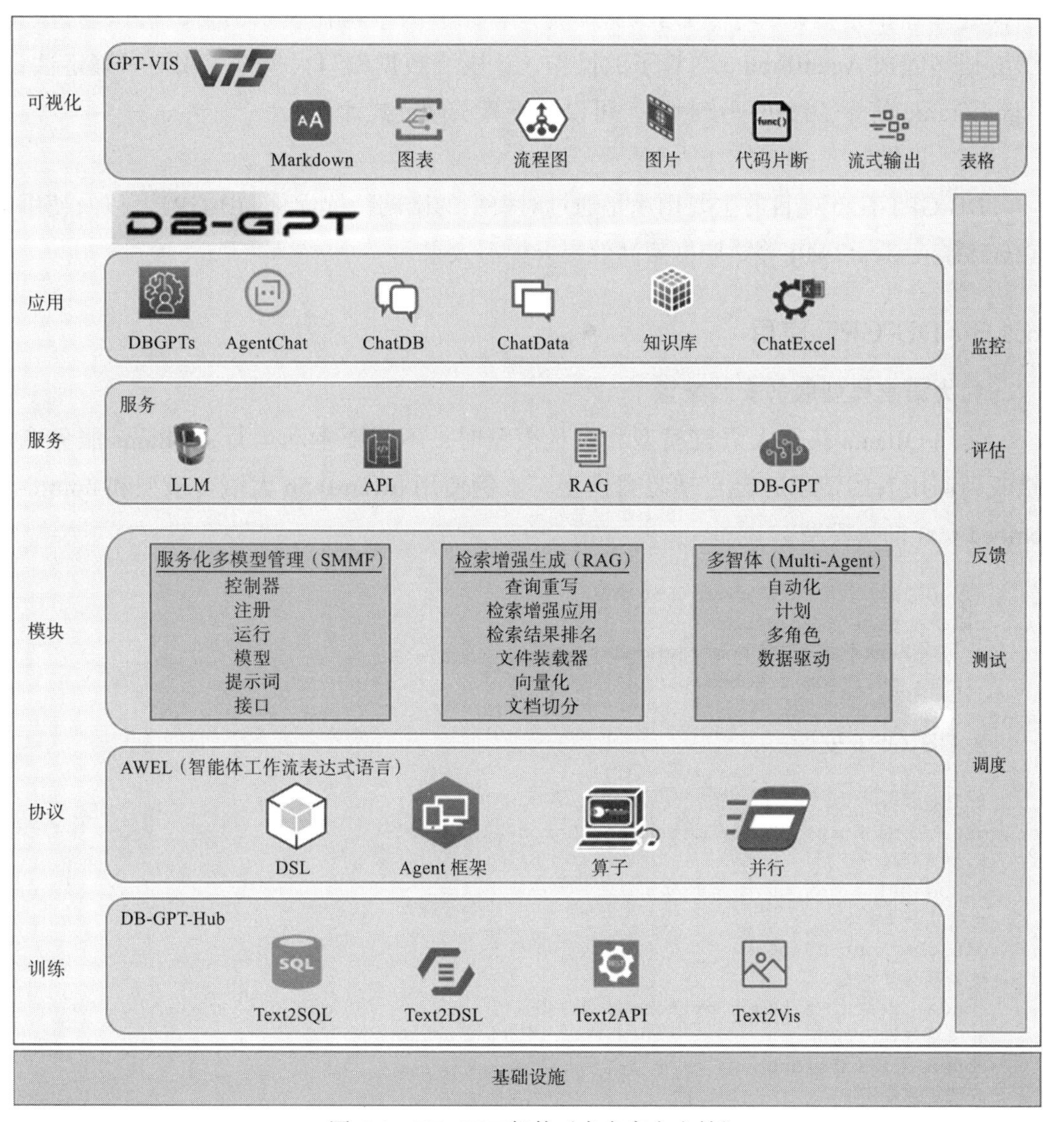

图 6-1　DB-GPT 架构（来自官方文档）

（5）协议

协议层主要是指 AWEL(Agentic Workflow Expression Language，智体编排语言)，是专门为大模型应用开发设计的智体工作流表达式语言。AWEL 在设计上分为三个层次，依次为算子层、AgentFrame 和算子层：算子层是指 LLM 应用开发过程中一个最基本的操作原子，比如在一个 RAG 应用开发时，检索、向量化、模型交互、提示词处理等都是基础算子；DSL 层提供一套标准的结构化表示语言，可以通过写 DSL 语句完成 AgentFrame 与算子的操作，让围绕数据编写大模型应用更具确定性；AgentFrame 将算子做进一步封装，可以基于算子做链式计算。

（6）训练

DB-GPT-Hub 项目的主要用途是通过对模型的微调持续优化 DB-GPT，以及使用 Text2SQL、Text2API 等微调框架高效提升模型效果。

6.1.3 DB-GPT 应用

1. 大语言模型服务安装配置

使用 Ollama 获取大语言模型和向量模型时，不需要主动运行，Ollama 服务在接收到调用者的请求时会自动装载模型。本例使用 qwen-0.5b 大语言模型和 nomic-embed-text 向量模型。

```
# 从 Ollama 镜像库获取 qwen-0.5b 模型
ollama pull qwen:0.5b
# 从 Ollama 镜像库获取 nomic-embed-text 模型
ollama pull nomic-embed-text
```

2. DB-GPT 安装

```
# 克隆源码
git clone https://github.com/eosphoros-ai/DB-GPT
# 切换到源码目录
cd DB-GPT
# 检出历史版本
git checkout 374b6ad
# 创建虚拟环境
conda create -n dbgpt python=3.10 -y
# 激活虚拟环境
conda activate dbgpt
# 安装依赖库
pip install -e ".[default]" --use-pep517 \
-i https://pypi.mirrors.ustc.edu.cn/simple
```

```
# 安装 mysql 驱动
pip install pymysql==1.1.1 -i https://pypi.mirrors.ustc.edu.cn/simple
```

3. DB-GPT 配置

```
# 复制配置文件
cp .env.template .env
# 修改配置文件
vi .env
# 在文件的结尾处增加以下配置内容
LLM_MODEL=ollama_proxyllm
PROXY_SERVER_URL=http://server-dev:11434
PROXYLLM_BACKEND="qwen:0.5b"
PROXY_API_KEY=not_used
EMBEDDING_MODEL=proxy_ollama
proxy_ollama_proxy_server_url=http://server-dev:11434
proxy_ollama_proxy_backend="nomic-embed-text:latest"
```

4. DB-GPT 运行

```
# 激活虚拟环境
conda activate dbgpt
# 运行程序
python dbgpt/app/dbgpt_server.py
```

在浏览器中访问 http://server-dev:5670 查看 DB-GPT 运行情况，如图 6-2 所示。

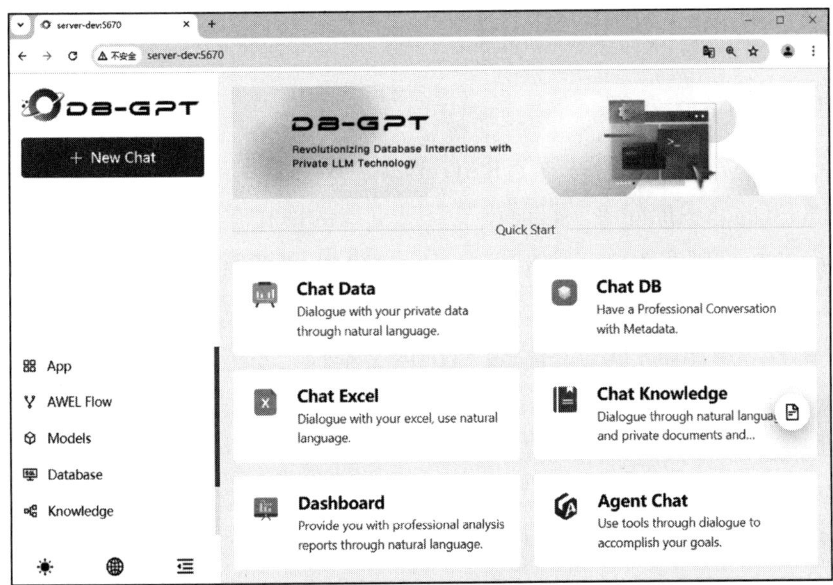

图 6-2 DB-GPT 运行情况

接下来，就可以为DB-GPT配置数据库（见图6-3）和知识库了，进行增强检索、数据对话等操作。

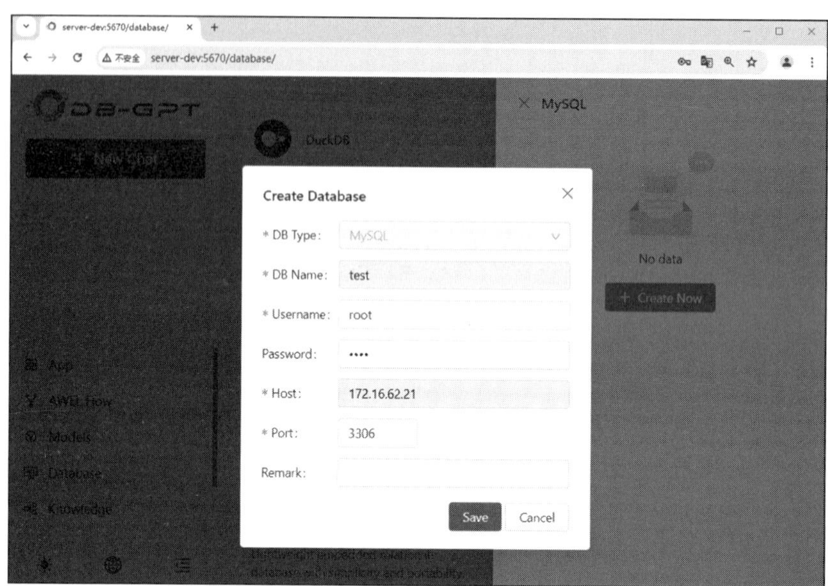

图6-3　DB-GPT配置数据库

6.2　QAnything：知识库应用

6.2.1　QAnything介绍

QAnything是网易开源的一个RAG工具，致力于支持任意格式文件和数据库，实现本地部署的知识库问答。目前该工具已支持的格式有PDF、Word、PPT、XLS、Markdown、电子邮件EML、TXT、CSV、HTML和各种图片（JPG、JPEG、PNG等）。[⊖]QAnything还内置了OCR（Optical Character Recognition，光学字符识别）技术，解决图片、影印版PDF、扫描版PDF的文本转化问题。

QAnything有一个鲜明的特性是两阶段检索，这有别于一般的RAG一阶段检索方法，即根据用户问题从向量库召回知识库条目，传入LLM总结润色。两阶段检索的第一阶段是传统的向量检索，第二阶段是通过rerank模型对第一阶段的检索结果进行重新排名。该方法解决了大规模数据检索退化的问题，这样一来，知识库数据

⊖ https://github.com/netease-youdao/QAnything。

越多，检索到的条目也就越多；rerank 重排名后，越有价值的结果越会排到前面，应用效果也就越好。

QAnything 具有以下特性：

- 高性能：使用了 Faiss[㊀]作为向量库存储技术。Faiss 是一个用于高效相似性搜索和密集向量聚类的库，使用 C++ 编写，可以用于高性能生产级系统。
- 易用：QAnything 支持众多的文件格式，这些文本导入知识库的过程相当简单，可以直接拖拽和批量导入，维护起来非常方便。
- 中文处理：知识库的文本片段使用中文的习惯进行切分，比如以“。！？”等标点符号进行文本切分，可以较方便地解决中文切分的问题。这样处理的知识库条目一般会表达完整的意思，在查询时使用语义检索的匹配程度较高。

6.2.2　QAnything 原理

QAnything 是一种增强型的 RAG 应用：在知识库检索方面采用了两阶段检索的方法增强了检索的稳定性；在向量库管理方面引入了生产级的向量库管理工具 Faiss；在知识库生成方面，支持众多的文件格式，内置了 OCR 识别图片中的文字，文本切分策略也针对中文进行了优化；在 LLM 生成方面，伴随的 LLM 生成的答案，将知识原始链接也一并提供给用户。其架构见图 6-4。

QAnything 的关键技术点介绍如下。

1. 两阶段检索

向量检索是一种按照文本相似性进行匹配的信息查询方法。QAnything 团队研究发现，如果只用一阶段向量检索，随着数据量增大，会出现检索退化的问题[㊁]。具体原因是向量检索比较的是文本之间的相似性，而非相关性。这样两个看似相似的文本，也许只是相同的文本出现得多，实际上是两种不同的概念。当数据量增大到一定程度时，相似而不相关的检索结果会导致检索准确性急剧降低。

对此，QAnything 引入了 Cross-Encoder[㊂]模型，对前 100 个粗排的候选文本片段重新排序。这样既能利用 Cross-Encoder 的自注意力机制（Self-Attention）识别出文本中的重点词汇，提高检索准确率，又能充分利用从向量库中检索的高性能，也可以避免 Cross-Encoder 代入模型计算导致的低效率。

㊀ https://github.com/facebookresearch/faiss。

㊁ https://github.com/netease-youdao/QAnything/wiki/RAG 系统：数据越多效果越好吗？

㊂ https://www.sbert.net/examples/applications/cross-encoder/README.html。

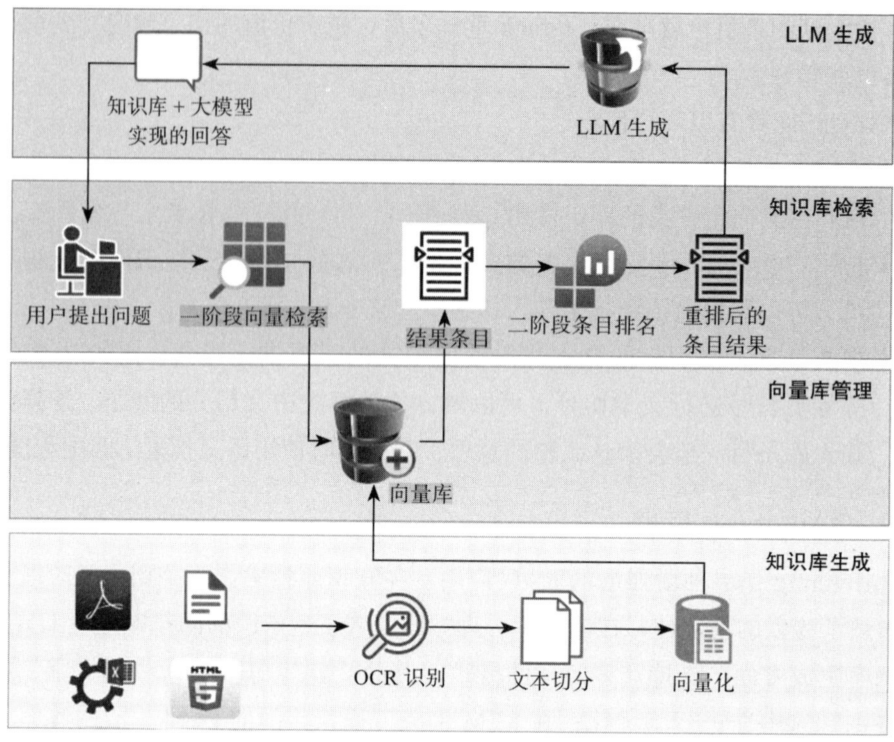

图 6-4　QAnything 架构

2. OCR 识别

用于建立知识库的原始文件，需要先提取出纯文本信息进行文本块切分、向量化等工作，然后用于语义检索。从文本转化方法的角度来考虑，这些原始文件可以分为两种类型：一种是可以直接无损转化为文本的格式，如本来就是纯文本的 TXT、Markdown、CSV、HTML 等，以及比较容易转化成纯文本的 Word、PPT、XSL、可提取文本的 PDF 等；另一种是有损转化的格式，如影印版或扫描版的 PDF 和图片文件。这些文件要经过 OCR 方法从原始文件中提取文本信息再进行处理，比如对于不能直接提取文本的 PDF，要经过 PDF 转图片和图片 OCR 两步操作提取纯文本信息。

QAnything 的 OCR 使用 onnxruntime[⊖]加载模型实现，在大量需要 OCR 识别的原始文件导入知识库时，可以使用 GPU 加速。

3. 文本切分

文本切分的作用是将文件切分成语义完整、长度适中的文本块，便于进行向量

⊖ https://github.com/microsoft/onnxruntime。

化和向量检索。如果切分后的文本块如果太长，由于用户输入的问题一般较短，所以很难匹配；如果切分后文本块太短，则语义不完整，检索结果也不理想。

QAnything 采用了中文特色的处理方法，利用正则表达式，匹配句子末尾的标点符号或括号。标点符号包括句号、逗号、问号、感叹号，以及单引号、双引号、中文引号等。基于中文长句出现概率低的假设，这样的切分策略在实践中表现得较为理想，切分后的文本块语义完整，长度适中、便于检索。

6.2.3 QAnything 应用

QAnything 的启动脚本是 Linux 脚本，所以建议读者在 Linux 下运行 QAnything。

1. 大语言模型服务安装配置

QAnything 支持 Ollama 部署的模型服务，本节选用了 Llama3 模型，用以下命令启动模型服务：

```
ollama run llama3
```

2. 安装 QAnything

QAnything 的 OCR 使用 GPU 加速后还可能存在问题，因此笔者 fork 了一份代码进行修改，以支持 GPU 加速 OCR。本节使用此修改版本进行实践。

```
# 创建虚拟环境
conda create -n qanything-python python=3.10 -y
# 激活虚拟环境
conda activate qanything-python
# 克隆源码
git clone -b qanything-python https://github.com/little51/QAnything
# 切换到源码目录
cd QAnything
# 安装依赖库
pip install -e . -i https://pypi.mirrors.ustc.edu.cn/simple
```

3. OCR 适配 GPU

```
# 如果 OCR 服务使用 CUDA12 和 GPU，则执行以下步骤
# 卸载可能已安装的 onnxruntime-cpu 版
pip uninstall onnxruntime -y
# 卸载可能已安装的旧版 onnxruntime-gpu 版
pip uninstall onnxruntime-gpu -y
# 安装 onnxruntime-gpu
pip install onnxruntime-gpu \
--extra-index-url \
https://aiinfra.pkgs.visualstudio.com/PublicPackages/_packaging/onnxruntime-
    cuda-12/pypi/simple/
```

4. QAnything 配置

```
vi scripts/run_for_openai_api_with_cpu_in_Linux_or_WSL.sh
# 第一处修改：https://api.openai.com/v1 换成 http://server-dev:11434/v1
# 第二处修改：sk-xxx 换成 sk-000
# 第三处修改：gpt-3.5-turbo-1106 换成 llama3
```

5. QAnything 运行

```
# 激活虚拟环境
conda activate qanything-python
# 运行程序
bash scripts/run_for_openai_api_with_cpu_in_Linux_or_WSL.sh
```

在浏览器访问：http://server-dev:8777/qanything/，运行结果如图 6-5 所示。

QAnything 运行时，如果报“ AttributeError: 'ClassDef' object has no attribute 'type_params'”错误，则用以下命令删除 ast_indexer 后重试，即可正常运行[⊖]。

```
rm -fr ~/.cache/modelscope/ast_indexer
```

以上介绍的是在 Linux 运行 QAnything 的操作方法，想要将 QAnything 移植到 Windows 下，修改启动脚本过于复杂，但有一个变通的方法：先在 Linux 下运行 scripts/run_for_openai_api_with_cpu_in_Linux_or_WSL.sh，在 base_run.sh 的 117 行会打印出最终执行的 Python 命令，将此命令复制出来在 Windows 下运行来代替启动脚本。

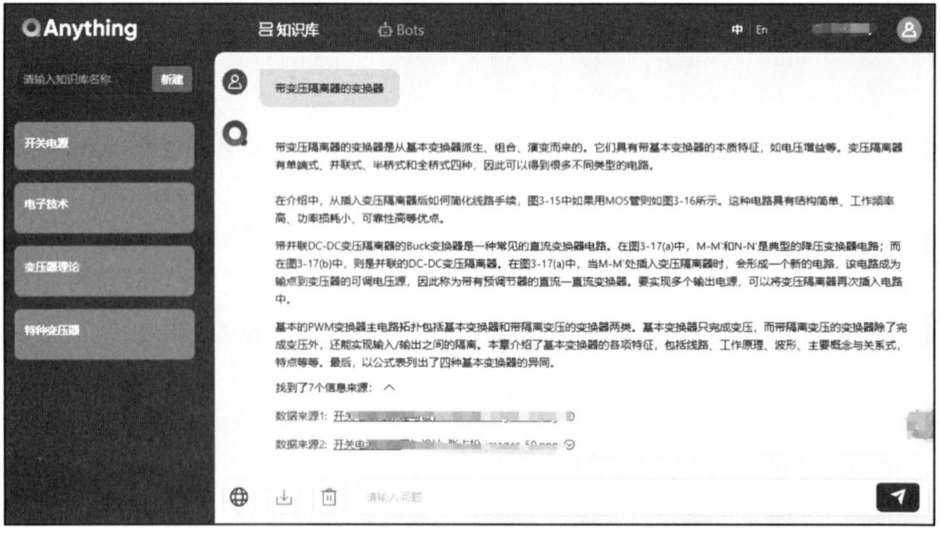

图 6-5　QAnything 运行情况

⊖ https://github.com/modelscope/modelscope/issues/894。

开 发 篇

Agent 应用开发是将自主化、自动化的人工智能技术封装成应用的实践过程，涉及多个领域。Agent 的自规划、自决策、自执行、自反馈等特性，在很多应用场景中已取得了很大的进步，为人们的生产和生活带来便利，更描绘出 AGI 的前景。本篇中涉及的应用领域较为广泛，从分类来看，涵盖了通用型、任务驱动型、辅助开发型和检索增强型等类别的 Agent 应用开发；从方法论来看，Agent 思考框架、工作流组织、多角色协作等贯穿其中；从模型应用来看，常用模型的服务开发与微调、Function-calling 特性的实现以及多模态模型的应用都有涉及。

本篇共包括 10 章，详细描述基于 AgentScope、LangChain、LangGraph、AutoGen、LlamaIndex、CrewAI、Qwen-Agent 等开发框架的具体应用开发过程。大语言模型为 Agent 提供内容生成、工具调用等 API 服务，它的 Function-calling 特性是 Agent 实现工具调用的重要技术支撑，在本篇中有专门的章节介绍其开发过程。CogVLM2 模型作为多模态 Agent 应用的基础技术，在本篇中也有详细的应用开发案例。

- 第 7 章介绍本书最常用的 GLM-4 和 Llama3 两种模型的安装部署、Chat 应用开发、OpenAI 兼容 API 服务开发以及改进推理能力的微调方法。
- 第 8 章从 GLM-4-9B-Chat 模型的 Function-calling 特性入手，讲解通过 Agent 的工具调用方法增强大语言模型的数学能力，求解方程和计算大数相乘的开发过程。

- 第 9 章实践 Agent 的 ReAct 思考框架，使用“想 – 说 – 做”方法形成 ReAct 中的 Reasoning（推理）。Agent 自我编写 Python 程序并自行运行，执行 ReAct 中的 Acting（行动），经过数次迭代，达到用户设定的目标。
- 第 10 章讲解任务驱动型 Agent 对任务的分解和执行过程，同时将“思考 – 行动 – 观察”的理念应用到任务规划中，引入外部搜索工具，共同完成用户指定的任务。
- 第 11 章以图的方式将 Agent 的运行过程流程化、可观察化，实现了一个包含 RAG、Function-calling、Agent 工作流的应用，读者可以从中详细地了解 Agent 思考、决策和执行的流程。
- 第 12 章通过 AutoGen 嵌套对话技术，以多智体交互的开发方法和理念，实现一个软件辅助开发应用。
- 第 13 章将自定义工具调用、向量搜索引擎、大语言模型服务结合起来，开发一个 RAG 和智体整合应用，将本地文件作为知识来源，回答用户提出的问题。
- 第 14 章实现多个职责不同的 Agent 相互协作的应用，通过规划系统分析师和系统设计师两个角色，分析用户的需求和撰写详细的文档，完成用户设定的任务。
- 第 15 章是一个将 Agent 应用到图像领域的示例，开发一个图像识别和数学问题求解的综合应用，用户输入的图片中包含方程或方程组，Agent 识别出图片中的文本，并求解方程，给出答案和详细的解题过程。
- 第 16 章利用 CogVLM2 模型在图片理解方面的能力，结合 LangChain 的向量处理技术，实现一个“图片搜索个人助理”，以文字检索图片，并进行展现。

CHAPTER 7

第 7 章 大语言模型开发与微调

大语言模型是支持 Agent 实现内容创作和推理功能的基础服务组件。Agent 调用大语言模型的提示词是精心设计的，常由思考框架生成，这些提示词输入大语言模型进行理解和推理，形成的结果将推进 Agent 的任务完成进程。

本章介绍 GLM-4 和 Llama3 两个开源大语言模型的安装部署、Chat 应用与服务开发以及微调过程，为 Agent 应用开发打下基础。GLM-4 模型在支持中文、Function-calling 特性方面具备优势，应用于本书的大部分 Agent 开发案例中。Llama3 是开源大语言模型的典范，由其架构与技术发展出来的模型量化、Ollama 框架等促进了大语言模型的普及。

7.1 开发要点

- ❑ 应用场景：GLM-4 模型与 Llama3 模型安装部署、Chat 应用开发、API 服务开发与微调。
- ❑ 大语言模型：GLM-4-9B-Chat 和 Meta-Llama-3-8B-Instruct。
- ❑ 向量模型：BAAI/bge-m3。
- ❑ 应用部署方式：推理与微调场景中，大模型应用采用一体化开发与部署；API 服务场景中，Agent 应用与 LLM 服务采用同机部署或异机部署。
- ❑ 应用访问方式：推理场景中，用浏览器访问 WebUI；微调场景中，用控制台操作；API 服务场景中，使用 Agent 应用配合测试。

7.2 GLM-4

7.2.1 GLM-4 介绍

GLM-4-9B 是智谱 AI 和清华大学联合推出的最新一代预训练模型 GLM-4 系列中的开源版本，可使用本节介绍的专用服务程序、vLLM 和 Ollama 等三种方式装载，其半精度的使用方式会占用 21GB 左右的 GPU 内存。

大语言模型提供的自定义工具调用生成能力是一些 Agent 应用所必需的，如 AutoGPT 和 MemGPT 需要得到大模型的 Function-calling 支持。GLM-4 的综合能力、中文优势以及完善的 Function-calling 特性，使得 GLM-4 非常适用于 Agent 应用场景。本节讲解在不利用 Ollama、vLLM 等第三方工具的情况下，如何开发推理程序和 API 服务程序，并实践微调过程。

7.2.2 GLM-4 安装

1. 下载源码

GLM-4 开源的代码中包含了运行依赖环境的配置、Demo 和微调程序。本节在已有代码的基础上进行一些必要的新增和修改，实现 Chat 应用开发、API 服务开发和微调过程。

```
# 克隆源码
git clone https://github.com/THUDM/GLM-4
# 切换到源码目录
cd GLM-4
# 检出历史版本
git checkout 468a56e
```

2. 建立虚拟环境

GLM-4 应用程序除了依赖如 transformers[⊖]、PyTorch 的基础库外，在 API 服务的示例代码中还用到了 vLLM 库中声明的一些数据类型。

```
# 创建虚拟环境
conda create -n glm4 python=3.10 -y
# 激活虚拟环境
conda activate glm4
# 安装基础依赖库
pip install -r basic_demo/requirements.txt \
-i https://pypi.mirrors.ustc.edu.cn/simple
```

⊖ https://github.com/huggingface/transformers。

```
# 安装 vLLM 库
pip install vllm==0.5.1 \
-i https://pypi.mirrors.ustc.edu.cn/simple
```

3. 模型下载

在 API 服务程序中，为了提供包括 Chat 和 Embeddings 在内的完整的全功能接口，除了 THUDM/glm-4-9b-chat 模型外，还要用到 BAAI/bge-m3 向量模型。

```
# 获取模型下载脚本
wget https://e.aliendao.cn/model_download.py
# 下载大语言模型到以下目录
# dataroot/models/THUDM/glm-4-9b-chat
python model_download.py --e \
--repo_id THUDM/glm-4-9b-chat \
--token YPY8KHDQ2NAHQ2SG
# 下载向量模型到以下目录
# dataroot/models/BAAI/bge-m3
python model_download.py --e \
--repo_id BAAI/bge-m3 \
--token YPY8KHDQ2NAHQ2SG
```

7.2.3　Chat 应用开发

开发一个使用 GLM-4 模型的 Chat 应用，需要涉及以下关键环节：

①装载模型：采用 transformers 库的 AutoModel 和 AutoTokenizer 对象装载 THUDM/glm-4-9b-chat 模型，将 PyTorch 的数据类型设为 bfloat16 以减少模型对 GPU 内存的占用。

②流式推理：使用 GLM-4 模型特有的 stream_chat 方法进行流式推理，模型根据用户输入的提示词，一段一段地生成文本，并且每生成一段，就向页面推送一段，形成打字机的效果，避免一次性生成造成用户等待时间过长的问题。

③快速开发页面：采用 Gradio[1]定制 Chat 页面，只要使用少量的页面布局声明和按钮事件编程，就可以快速地开发出 Chat 页面，支持参数设定、Chat 交互和 Markdown 显示。

将这一 Chat 应用程序命名为 glm4-gradio.py，完整代码如下：

```
from transformers import AutoModel, AutoTokenizer
import gradio as gr
import os
import torch
```

[1] https://www.gradio.app/。

```
tokenizer = None
model = None

def load_model_and_tokenizer(model_path):
    """加载模型"""
    global tokenizer
    global model
    tokenizer = AutoTokenizer.from_pretrained(
        model_path,
        trust_remote_code=True)
    model = AutoModel.from_pretrained(
        model_path,
        trust_remote_code=True,
        torch_dtype=torch.bfloat16).cuda()
    model = model.eval()

def predict(input, chatbot, max_length, top_p, temperature,
        history, past_key_values):
    """推理函数"""
    chatbot.append(input)
    for response, history, past_key_values in model.stream_chat(
        tokenizer, input, history,
        past_key_values=past_key_values,
        return_past_key_values=True,
        max_length=max_length,
        top_p=top_p,
        temperature=temperature):
        chatbot[-1] = (input, response)
        yield chatbot, history, past_key_values

def reset_state():
    """清除Chat历史"""
    return [], [], None

with gr.Blocks() as demo:
    """创建Gradio应用程序"""
    gr.HTML("""<h1 align="center">GLM-4 Demo</h1>""")
    with gr.Row():
        with gr.Column(scale=5):
            chatbot = gr.Chatbot()
            user_input = gr.Textbox(
                show_label=False,
                placeholder="请输入问题...",
                max_lines=1)
        with gr.Column(scale=1):
            clearBtn = gr.Button("清除历史")
            max_length = gr.Slider(
                0, 32768, value=8192, step=1.0,
```

```
                label=" 最大生成长度 ", interactive=True)
            top_p = gr.Slider(0, 1, value=0.8, step=0.01,
                label="Top P", interactive=True)
            temperature = gr.Slider(
                0, 1, value=0.95, step=0.01, label="Temperature",
                interactive=True)

    history = gr.State([])
    past_key_values = gr.State(None)
    user_input.submit(predict, [user_input, chatbot, max_length, top_p,
        temperature, history, past_key_values],
        [chatbot, history, past_key_values])
    user_input.submit(lambda x: "", user_input, user_input)
    clearBtn.click(reset_state, outputs=[
        chatbot, history, past_key_values])

if __name__ == "__main__":
    load_model_and_tokenizer("dataroot/models/THUDM/glm-4-9b-chat")
    # load_model_and_tokenizer_lora("output/checkpoint-500")
    # 启动 Gradio 应用程序
    demo.queue().launch(server_name="0.0.0.0")
```

运行以下命令开启 Chat 服务。运行结果如图 7-1 所示。

```
# 激活虚拟环境
conda activate glm4
# 运行程序
python glm4-gradio.py
```

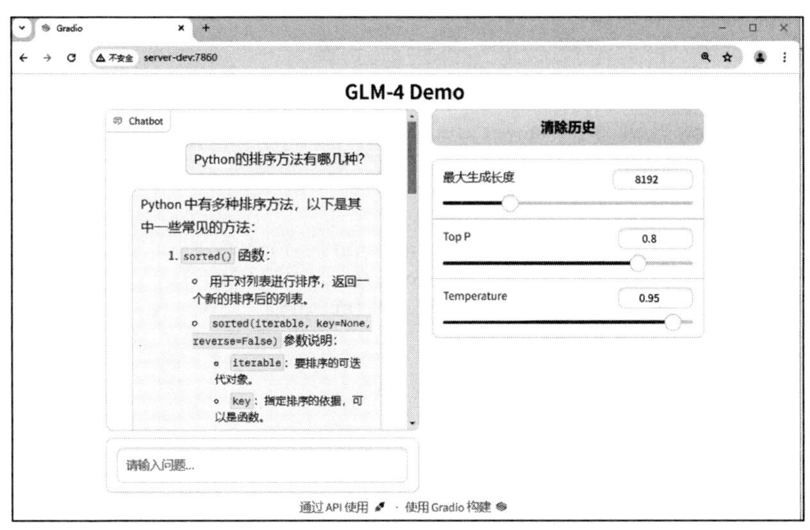

图 7-1　基于 GLM-4 的 Chat 应用运行情况

7.2.4 GLM-4 兼容 API 服务开发

GLM-4 源码中的 basic_demo/openai_api_server.py，实现了兼容 OpenAI 的“/v1/models”和“/v1/chat/completions”接口，还实现了 Function-calling 响应，美中不足的是未实现“/v1/embeddings”接口。这样的话，像 BabyAGI 这样需要调用此接口的 Agent 应用就无法使用此源码实现的 API 服务。我们在现有的 openai_api_server.py 基础上，增加以下代码，以补充 embeddings 接口，使 GLM-4 适用于大部分 Agent 应用。

```
# 导入依赖库
from sentence_transformers import SentenceTransformer
from vllm.entrypoints.openai.protocol \
import EmbeddingRequest, EmbeddingResponse
import tiktoken

# 装入向量模型
EMBEDDING_PATH = os.environ.get('EMBEDDING_PATH', 'BAAI/bge-m3')
embedding_model = SentenceTransformer(EMBEDDING_PATH, device="cuda")

# 定义 CompletionUsage 结构
class CompletionUsage(BaseModel):
    prompt_tokens: int
    completion_tokens: int
    total_tokens: int
# v1/embeddings 实现
@app.post("/v1/embeddings", response_model=EmbeddingResponse)
async def get_embeddings(request: EmbeddingRequest):
    if isinstance(request.input, str):
        embeddings = [embedding_model.encode(request.input)]
    else:
        embeddings = [embedding_model.encode(text)
            for text in request.input]
    embeddings = [embedding.tolist()
        for embedding in embeddings]

    def num_tokens_from_string(string: str) -> int:
        encoding = tiktoken.get_encoding('cl100k_base')
        num_tokens = len(encoding.encode(string))
        return num_tokens

    response = {
        "data": [
            {
                "object": "embedding",
                "embedding": embedding,
                "index": index
```

```
            }
            for index, embedding in enumerate(embeddings)
        ],
        "model": request.model,
        "object": "list",
        "usage": CompletionUsage(
            prompt_tokens=sum(len(text.split())
                for text in request.input),
            completion_tokens=0,
            total_tokens=sum(num_tokens_from_string(text)
                for text in request.input),
        )
    }
    return response
```

使用以下命令开启服务，然后将第 4 章所讲的 BabyAGI 应用配置到此服务上，进行测试验证。

```
# 激活虚拟环境
conda activate glm4
# 运行程序
MODEL_PATH=dataroot/models/THUDM/glm-4-9b-chat \
EMBEDDING_PATH=dataroot/models/BAAI/bge-m3 \
python openai_api_server.py
```

将 BabyAGI 的 .env 文件中的“OPENAI_API_BASE”设为“http://server-dev:8000/v1”，运行以下命令进行测试，结果如图 7-2 所示。

```
# 进入 BabyAGI 的源码目录
cd babyagi/
# 激活 BabyAGI 虚拟环境
conda activate babyagi
# 运行应用程序
TABLE_NAME=test python babyagi.py
```

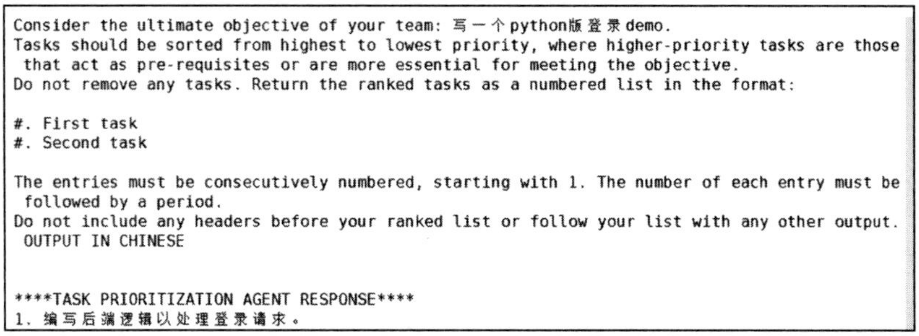

```
Consider the ultimate objective of your team: 写一个python版登录demo.
Tasks should be sorted from highest to lowest priority, where higher-priority tasks are those
 that act as pre-requisites or are more essential for meeting the objective.
Do not remove any tasks. Return the ranked tasks as a numbered list in the format:

#. First task
#. Second task

The entries must be consecutively numbered, starting with 1. The number of each entry must be
 followed by a period.
Do not include any headers before your ranked list or follow your list with any other output.
 OUTPUT IN CHINESE


****TASK PRIORITIZATION AGENT RESPONSE****
1. 编写后端逻辑以处理登录请求。
```

图 7-2 BabyAGI 使用 GLM-4 的运行情况

```
2. 实现前端验证功能以确保输入数据的有效性。
3. 编写测试用例确保登录流程的正确性和稳定性。
4. 集成前端与后端完成整个登录功能的联调。

*****TASK LIST*****

 • 编写后端逻辑以处理登录请求
 • 实现前端验证功能以确保输入数据的有效性
 • 编写测试用例确保登录流程的正确性和稳定性
 • 集成前端与后端完成整个登录功能的联调

*****NEXT TASK*****
```

图 7-2 BabyAGI 使用 GLM-4 的运行情况（续）

openai_api_server.py 的运行情况如图 7-3 所示。可见，Agent 应用调用了“/v1/embeddings”和“/v1/chat/completions”这两个接口。

```
(glm4) user01@server-dev:~/agent-dev/chapter07/glm-4$ MODEL_PATH=dataroot/models/THUDM/glm-4-9b-chat EMBEDDING_PATH=dataroot/models/BAAI/bge-m3 python openai_api_server.py
Special tokens have been added in the vocabulary, make sure the associated word embeddings are fine-tuned or trained.
INFO 08-08 21:39:17 llm_engine.py:161] Initializing an LLM engine (v0.4.3) with config: model='dataroot/models/THUDM/glm-4-9b-chat', speculative_config=None, tokenizer='dataroot/models/THUDM/glm-4-9b-chat', skip_tokenizer_init=False, tokenizer_mode=auto, revision=None, rope_scaling=None, tokenizer_revision=None, trust_remote_code=True, dtype=torch.bfloat16, max_seq_len=8192, download_dir=None, load_format=LoadFormat.AUTO, tensor_parallel_size=1, disable_custom_all_reduce=False, quantization=None, enforce_eager=True, kv_cache_dtype=auto, quantization_param_path=None, device_config=cuda, decoding_config=DecodingConfig(guided_decoding_backend='outlines'), seed=0, served_model_name=dataroot/models/THUDM/glm-4-9b-chat)
Special tokens have been added in the vocabulary, make sure the associated word embeddings are fine-tuned or trained.
WARNING 08-08 21:39:18 tokenizer.py:126] Using a slow tokenizer. This might cause a significant slowdown. Consider using a fast tokenizer instead.
INFO 08-08 21:39:20 model_runner.py:146] Loading model weights took 17.5635 GB
INFO 08-08 21:39:22 gpu_executor.py:83] # GPU blocks: 2877, # CPU blocks: 6553
INFO:     Started server process [311629]
INFO:     Waiting for application startup.
INFO:     Application startup complete.
INFO:     Uvicorn running on http://0.0.0.0:8000 (Press CTRL+C to quit)
INFO:     127.0.0.1:42996 - "POST /v1/embeddings HTTP/1.1" 200 OK
INFO 08-08 21:39:28 metrics.py:341] Avg prompt throughput: 20.6 tokens/s, Avg generation throughput: 14.6 tokens/s, Running: 1 reqs, Swapped: 0 reqs, Pending: 0 reqs, GPU KV cache usage: 0.4%, CPU KV cache usage: 0.0%.
INFO 08-08 21:39:33 metrics.py:341] Avg prompt throughput: 0.0 tokens/s, Avg generation throughput: 41.6 tokens/s, Running: 1 reqs, Swapped: 0 reqs, Pending: 0 reqs, GPU KV cache usage: 0.8%, CPU KV cache usage: 0.0%.
INFO:     127.0.0.1:43012 - "POST /v1/chat/completions HTTP/1.1" 200 OK
```

图 7-3 GLM-4 OpenAI 兼容 API 服务的运行情况

7.2.5 GLM-4 微调

大语言模型的微调（Fine-tuning）是指对预训练模型的参数（权重）进行调整，通过特定领域数据（语料）对模型进行针对性优化的过程。

在算力条件较低的情况下，GLM-4 可选用 P-tuning v2 或 LoRA 方法进行微调。P-tuning v2 是 GLM 系列模型专用的微调方法，其基本原理是在预训练模型的基础上，通过添加少量的可训练参数，对模型的输出进行微调。首先，它采用前缀提示策略，将提示信息添加到模型的每一层中，以提高模型的输出准确性。其次，它采用自适应优化策略，根据模型在训练过程中的表现，动态调整微调参数的权重，以提高模型的收敛速度和性能。LoRA（Low-Rank Adaptation，低秩适应）通过在预训练模型的特定层插入低秩矩阵来减少训练的参数量，从而使微调更加高效。其核心思想是在不改变原有模型权重的情况下，通过添加少量新参数来进行微调。在 GLM-4 提供的微调例程中，两种微调的操作方法基本相同，由于 LoRA 方法可用于 Llama 系列模型的微调，较为通用，本节会重点介绍。

1. 微调数据准备

GLM-4 微调要求的数据格式如下：

```
{
    "messages": [
        {
            "role": "user",
            "content": " 问题 "
        },
        {
            "role": "assistant",
            "content": " 答案 "
        }
    ]
}
```

这是一组 JSON 格式的问答数据，多组问答数据的组织方式是 JSONL，即每组问答数据占一行，每行是一个 JSON。

比较容易获得的数据集是斯坦福 Alpaca 模型训练所用的数据集 alpaca_data[⊖]，格式如下：

```
{
        "instruction": " 你是谁 ?",
        "input": "",
        "output": " 我是一个语言模型 , 由来自 git-cloner 的研究人员训练。"
    }
```

两种格式可以通过写一段 Python 程序进行转换，转换的同时还要考虑将数据集分为训练集和验证集，两种数据集格式相同，数据量占比为 7∶3。下面是转换程序 convert_data.py 的完整代码：

```
import json

def load_data():
    with open('data/alpaca_data.json', 'r', encoding='utf-8') as file:
        data = json.load(file)
```

⊖ https://github.com/tatsu-lab/stanford_alpaca/blob/main/alpaca_data.json。

```
    return data

def convert_to_jsonl(original_data):
    _len = int(len(original_data) * 0.7)
    i = 0
    with open('data/train.jsonl', 'w', encoding='utf-8') as train_file, \
            open('data/dev.jsonl', 'w', encoding='utf-8') as dev_file:
        for item in original_data:
            messages = {"messages": [
                {
                    "role": "user",
                    "content": item["instruction"]
                },
                {
                    "role": "assistant",
                    "content": item["output"]
                }
            ]}
            i += 1
            if i < _len:
                train_file.write(json.dumps(
                    messages, ensure_ascii=False) + '\n')
            else:
                dev_file.write(json.dumps(
                    messages,
                    ensure_ascii=False) + '\n')

if __name__ == "__main__":
    original_data = load_data()
    convert_to_jsonl(original_data)
```

原始语料文件存放在 data/alpaca_data.json 中，运行 python convert_data.py，生成训练集文件 data/train.jsonl 和验证集文件 data/dev.jsonl。

2. 微调环境准备

在 GLM-4 虚拟环境下，安装微调环境所需的额外依赖库。打开 finetune_demo/requirements.txt 文件，进行以下修改：

```
# 1. 修改 datasets>2.20.0 为 datasets==2.20.0
#    因为目前 datasets 的最新版是 2.20.0
#    如果设置成大于这个版本，那么安装时会出错
# 2. 增加一行 transformers 历史版本配置，解决微调验证过程中，
#    最新版本的 transformers 会引发错误的问题
transformers==4.40.2
```

然后使用 pip 安装：

```
pip install -r finetune_demo/requirements.txt \
-i https://pypi.mirrors.ustc.edu.cn/simple
```

3. 微调过程

以下命令用于在单机、单卡的情况下使用 LoRA 微调，其数据集文件在 data 目录下。如果使用 P-tuning v2 微调，则只要将 lora.yaml 换成 ptuning_v2.yaml 即可。如果有多张 GPU 卡，则可以将 nproc_per_node 的值修改为卡数。

```
OMP_NUM_THREADS=1 torchrun --standalone \
--nnodes=1 --nproc_per_node=1  \
finetune_demo/finetune.py  data/ \
dataroot/models/THUDM/glm-4-9b-chat \
finetune_demo/configs/lora.yaml
```

LoRA 微调过程如图 7-4 所示。

```
  0%|                                                                    | 0/3000 [00:00<?, ?it/s]
[rank0]:[W reducer.cpp:1389] Warning: find_unused_parameters=True was specified in DDP constr
uctor, but did not find any unused parameters in the forward pass. This flag results in an ex
tra traversal of the autograd graph every iteration,  which can adversely affect performance.
 If your model indeed never has any unused parameters in the forward pass, consider turning t
his flag off. Note that this warning may be a false positive if your model has flow control c
ausing later iterations to have unused parameters. (function operator())
{'loss': 3.9097, 'grad_norm': 2.421875, 'learning_rate': 0.0004983333333333334, 'epoch': 0.0}
{'loss': 2.3059, 'grad_norm': 3.90625, 'learning_rate': 0.0004966666666666666, 'epoch': 0.0}
{'loss': 3.0109, 'grad_norm': 3.96875, 'learning_rate': 0.000495, 'epoch': 0.0}
{'loss': 2.6227, 'grad_norm': 3.1875, 'learning_rate': 0.0004933333333333334, 'epoch': 0.0}
{'loss': 2.7508, 'grad_norm': 2.296875, 'learning_rate': 0.0004916666666666666, 'epoch': 0.0}
{'loss': 1.834, 'grad_norm': 3.109375, 'learning_rate': 0.00049, 'epoch': 0.0}
{'loss': 2.8266, 'grad_norm': 4.3125, 'learning_rate': 0.0004883333333333333, 'epoch': 0.0}
{'loss': 1.9893, 'grad_norm': 2.4375, 'learning_rate': 0.0004866666666666667, 'epoch': 0.0}
  3%|█                                                          | 81/3000 [00:09<05:34,  8.72it/s]
```

图 7-4　GLM-4 LoRA 微调过程

4. 微调模型测试

修改 glm4-gradio.py，增加一个 load_model_and_tokenizer_lora 方法，处理 LoRA 微调模型的装载。代码如下：

```
def load_model_and_tokenizer_lora(model_path):
    """ 加载 LoRA 微调模型 """
    global tokenizer
    global model
    if os.path.exists(model_path + '/adapter_config.json'):
        model = AutoModel.from_pretrained(
            model_path,
            trust_remote_code=True,
            torch_dtype=torch.bfloat16
        ).cuda()
        tokenizer_dir = model.peft_config[
            'default'].base_model_name_or_path
    else:
        model = AutoModel.from_pretrained(
            model_path,
            trust_remote_code=True,
```

```
        torch_dtype=torch.bfloat16
    ).cuda()
    tokenizer_dir = model_path
tokenizer = AutoTokenizer.from_pretrained(
    tokenizer_dir, trust_remote_code=True
)
model = model.eval()
```

在主函数中将原来的 load_model_and_tokenizer("dataroot/models/THUDM/glm-4-9b-chat") 改为 load_model_and_tokenizer_lora("output/checkpoint-3000")。

运行“python glm4-gradio.py”命令，在浏览器中访问 http://server-dev:7860，验证微调的效果，结果如图 7-5 所示。从图中可看出，由于语料中含有大量说明模型身份的内容，微调后模型在问到诸如“你是谁?”之类的问题时，给出的答案与原模型有所区别。

图 7-5　GLM-4 微调后的效果

7.3　Llama3

7.3.1　Llama3 介绍

Llama3 是 Meta 公司于 2024 年 4 月 18 日发布的大语言模型，包括了 8B 和 70B 参数量的基础预训练模型以及指令微调版本。Llama3 是一个自回归语言模型（Autoregressive LM）[㊀]，使用优化的 Transformer 架构。Llama3 指令微调模型（如 Meta-Llama-3-8B-Instruct）针对对话用例进行了优化，使用监督微调（Supervised Fine-Tuning，SFT）

㊀ https://aws.amazon.com/cn/what-is/autoregressive-models/。

和带有人类反馈的强化学习（Reinforcement Learning with Human Feedback，RLHF）方法，以符合人类对有用性和安全性的偏好，在常见的行业基准测试中的表现优于许多可用的开源 Chat 模型[⊖]。Llama3 与 Llama2 相比有很大进步，推理能力更强，微调效果更好。

Meta 的 Llama 系列是开源大语言模型领域的重要贡献者，其 Llama 架构派生出很多开源模型，而 llama.cpp 量化方法的发展，为 Ollama 等大模型应用平台提供了技术支持。本节详细介绍 Llama3 模型的安装、Chat 应用和 OpenAI 兼容 API 服务的开发，以及编写微调程序进行微调的步骤。

7.3.2 Llama3 安装

1. 创建虚拟环境

```
# 创建虚拟环境
conda create -n llama3 python=3.10 -y
# 激活虚拟环境
conda activate llama3
```

2. 安装依赖库

建立名为“llama3”的源码存放目录：

```
# 建立源码目录
mkdir llama3
# 切换到源码目录
cd llama3
```

在此目录下新建一个文本文件 requirements.txt，内容如下：

```
# Base
torch==2.1.0
transformers==4.38.2
uvicorn==0.28.0
pydantic==2.6.4
fastapi==0.110.0
sse_starlette==2.0.0
shortuuid==1.0.13
gradio==4.31.3
accelerate==0.30.1
# SFT Training
datasets==2.19.1
trl==0.8.6
bitsandbytes==0.43.1
```

⊖ https://github.com/meta-llama/llama3。

```
peft==0.11.1
fire==0.6.0
```

安装依赖库，并验证 PyTorch 是否正常。

```
# 安装依赖库（requirements.txt 先复制到 llama3 目录）
pip install -r requirements.txt \
-i https://pypi.mirrors.ustc.edu.cn/simple
# 验证 PyTorch
python -c "import torch; print(torch.cuda.is_available())"
```

3. 下载模型

```
# 获取模型下载脚本
wget https://aliendao.cn/model_download.py
# 下载大语言模型到以下目录
# dataroot/models/NousResearch/Meta-Llama-3-8B-Instruct
python model_download.py --e \
--repo_id NousResearch/Meta-Llama-3-8B-Instruct \
--token YPY8KHDQ2NAHQ2SG
```

7.3.3 Chat 应用开发

开发一个使用 Llama3 模型的对话应用，需要涉及以下关键环节。

（1）装载模型

采用 transformers 库的 AutoModelForCausalLM 和 AutoTokenizer 对象装载 Meta-Llama-3-8B-Instruct 模型。将 PyTorch 的数据类型设为 bfloat16，以减少模型对 GPU 内存的占用。

（2）流式推理

Llama3 模型未实现类似于 GLM-4 模型特有的 stream_chat 方法，进行流式推理时需要新开线程，让文本生成方法 model.generate 在线程中执行，然后使用 transformers 库的 TextIteratorStreamer 从主线程中持续获取模型推理生成的文本。

（3）停止词

由 Meta-Llama-3-8B-Instruct 模型的分词标记器文件 tokenizer.json 可知，id 为 128001 和 128009 的文本内容分别是 “ "content": "<|end_of_text|>"” 和 “ "content": "<|eot_id|>"”，这两个词可以作为 Llama3 的停止词，当模型生成的文本中包含这两个词时，停止继续生成。

（4）快速开发页面

采用 Gradio 的 Chatbot 方法定制 Chat 页面，只要使用少量的页面布局声明和按钮事件编程，就可以快速地开发出 Chat 页面，支持参数设定、Chat 交互和 Markdown 显示。

```
import gradio as gr
import torch
from transformers import AutoModelForCausalLM, AutoTokenizer, \
    TextIteratorStreamer
from threading import Thread

device = "cuda" if torch.cuda.is_available() else "auto"
model_path = './dataroot/models/NousResearch/Meta-Llama-3-8B-Instruct'
tokenizer = AutoTokenizer.from_pretrained(model_path)
model = AutoModelForCausalLM.from_pretrained(
    model_path,
    device_map=device,
    torch_dtype=torch.float16).eval()

terminators = [
    128001, 128009
]

def chat_llama3(
        message: str,
        history: list,
        temperature: float,
        max_new_tokens: int,
        top_p: float
    ) -> str:
    chat_history = []
    for user, assistant in history:
        chat_history.extend([{"role": "user", "content": user}, {
                    "role": "assistant", "content": assistant}])
    chat_history.append({"role": "user", "content": message})
    input_ids = tokenizer.apply_chat_template(
        chat_history, return_tensors="pt").to(model.device)
    streamer = TextIteratorStreamer(
        tokenizer, timeout=10.0, skip_prompt=True,
        skip_special_tokens=True)
    generate_kwargs = dict(
        input_ids=input_ids,
        streamer=streamer,
        max_new_tokens=1024,
        do_sample=True,
        temperature=0.6,
        top_p=0.8,
        eos_token_id=terminators
    )
    t = Thread(target=model.generate, kwargs=generate_kwargs)
    t.start()
    outputs = []
```

```
        for text in streamer:
            outputs.append(text)
            yield "".join(outputs)

def chat_bot():
    chatbot = gr.Chatbot(height=450, label='chat_llama3')
    with gr.Blocks(fill_height=True) as demo:
        gr.ChatInterface(
            fn=chat_llama3,
            chatbot=chatbot,
            fill_height=True
        )
    return demo

if __name__ == "__main__":
    demo = chat_bot()
    demo.launch(server_name="0.0.0.0", server_port=6006)
```

按以下命令运行 Chat 应用，打开浏览器访问 http://server-dev:6006 验证结果，结果如图 7-6 所示。利用 Meta-Llama-3-8B-Instruct 模型回答中文问题时，在问题中加上“OUT IN CHINESE”可以避免模型用英文回答问题。

```
# 激活虚拟环境
conda activate llama3
# 运行程序
python llama3-gradio.py
```

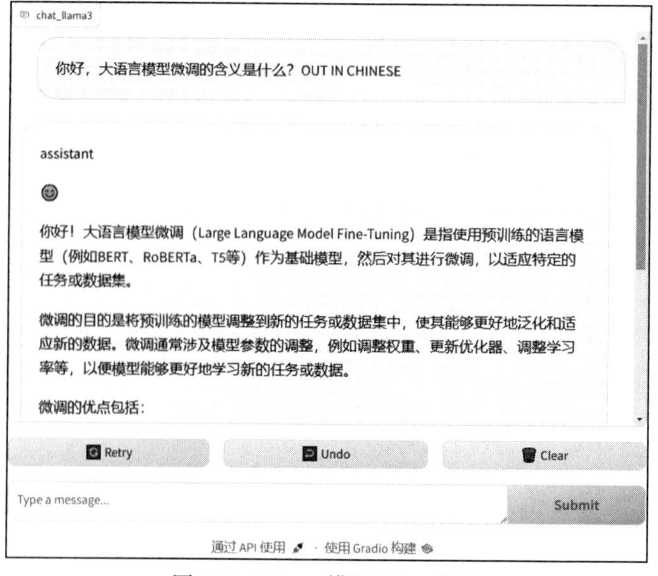

图 7-6 Llama 模型 Chat 应用

7.3.4　Llama3 兼容 API 服务开发

为了给 Agent 应用提供大语言模型服务，需要将 Llama3 模型服务封装成 OpenAI 兼容 API，其中最常用的接口是 Chat 接口“/v1/chat/completions”、获取模型列表接口“/v1/models”以及向量接口“/v1/embeddings”。在本节中，我们实现前两个接口，这样就可以为大多数 Agent 应用提供服务。而“/v1/embeddings”的实现方法可参照 GLM-4 服务开发的思路。

API 的实现代码为 200 多行，其中一半以上是定义接口数据结构的，例如：class ChatCompletionRequest 定义 Chat 接口的请求报文结构，class ChatCompletionResponse 定义 Chat 接口的响应报文结构。下面介绍时会给出关键代码，llama3-api.py 的完整代码见 https://github.com/little51/agent-dev/blob/main/chapter07/llama3/llama3-api.py。

1. “/v1/models”接口

接口关键代码如下，返回包括模型名称 Meta-Llama-3-8B-Instruct 在内的模型列表。

```
@app.get("/v1/models", response_model=ModelList)
async def list_models():
    global model_args
    model_card = ModelCard(id="Meta-Llama-3-8B-Instruct")
    return ModelList(data=[model_card])
```

2. “/v1/chat/completions”接口

Chat 接口的实现分为两部分：第一部分是对入参的解析，由 create_chat_completion 方法实现，将客户端传入的会话消息转化为输入大模型的提示词（query）和历史会话记录（history），再将调用委派给 predict 方法，给客户端返回 SSE（Server-Sent Events，服务端发送事件）[⊖]事件流，客户端就可以逐步从流中得到模型生成的数据；第二部分是推理的具体实现方法 predict，调用模型逐步向客户端推送生成的文本。

（1）参数解析

create_chat_completion 方法的代码如下：

```
@app.post("/v1/chat/completions", response_model=ChatCompletionResponse)
async def create_chat_completion(request: ChatCompletionRequest):
    # 解析报文
    if request.messages[-1].role != "user":
        raise HTTPException(status_code=400, detail="Invalid request")
    query = request.messages[-1].content
```

⊖ https://developer.mozilla.org/zh-CN/docs/Web/API/Server-sent_events/Using_server-sent_events。

```
    prev_messages = request.messages[:-1]
    if len(prev_messages) > 0 and prev_messages[0].role == "system":
        query = prev_messages.pop(0).content + query
    history = []
    if len(prev_messages) % 2 == 0:
        for i in range(0, len(prev_messages), 2):
            if prev_messages[i].role == "user" and \
                prev_messages[i+1].role == "assistant":
                history.append([prev_messages[i].content,
                    prev_messages[i+1].content])
    # 委派 predict
    generate = predict(query, history, request.model)
    # 返回 EventSourceResponse
    return EventSourceResponse(generate, media_type="text/event-stream")
```

客户端的发起参数是一个 JSON 格式的文本，格式示例如下：

```
{
    "model": "Meta-Llama-3-8B-Instruct-function-calling",
    "messages": [
        {
            "role": "system",
            "content": "系统指令"
        },
        {
            "role": "user",
            "content": "你好"
        },
        {
            "role": "assistant",
            "content": "你好，我是人工智能助手！"
        },
        {
            "role": "user",
            "content": "你叫什么名字？"
        }
    ],
    "temperature": null,
    "top_p": null,
    "max_length": null,
    "stream": true
}
```

系统指令指的是会话过程中的系统内置指令，如“你是一个人工智能助手，可以帮助用户解答问题，请用中文回答问题”。经 create_chat_completion 方法解析后得到的提示词（query）是“系统指令 你叫什么名字？”，由“系统指令”与用户提问“你叫什么名字？”拼接而成。会话历史（history）是“['你好','你好，我是人工智能助手！']”。

（2）流式推理

流式推理由 predict 方法实现，其主要原理是在新线程中调用 model 的 generate 方法推理，在主线程中使用 TextIteratorStreamer 文本迭代器流组件获取 generate 的返回结果，再使用 yield 返回数据到客户端。yield 与 return 的区别在于，yield 可以多次返回数据，而不中断程序执行。predict 方法的代码如下：

```
async def predict(query: str, history: List[List[str]], model_id: str):
    # push head chunk
    chunk = predict_chunk_head(model_id)
    yield "{}".format(chunk.model_dump_json(exclude_unset=True))
    # push body chunk
    chat_history = []
    for user, assistant in history:
        chat_history.extend([{"role": "user", "content": user}, {
            "role": "assistant", "content": assistant}])
    chat_history.append({"role": "user", "content": query})
    input_ids = tokenizer.apply_chat_template(
        chat_history, return_tensors="pt").to(model.device)
    streamer = TextIteratorStreamer(
        tokenizer, timeout=10.0, skip_prompt=True,
        skip_special_tokens=True)
    generate_kwargs = dict(
        input_ids=input_ids,
        streamer=streamer,
        max_new_tokens=1024,
        do_sample=True,
        temperature=0.6,
        top_p=0.8,
        eos_token_id=[128001, 128009]
    )
    t = Thread(target=model.generate, kwargs=generate_kwargs)
    t.start()
    for text in streamer:
        chunk = predict_chunk_content(model_id, text)
        yield "{}".format(chunk.model_dump_json(exclude_unset=True))
    # push stop chunk
    chunk = predict_chunk_stop(model_id)
    yield "{}".format(chunk.model_dump_json(exclude_unset=True))
    # push done
    yield '[DONE]'
```

predict_chunk_head、predict_chunk_content 和 predict_chunk_stop 三个方法分别实现消息头、消息内容和停止标志的封装，代码如下：

```
def predict_chunk_head(model_id):
    choice_data = ChatCompletionResponseStreamChoice(
        index=0,
        delta=DeltaMessage(role="assistant", content=""),
        finish_reason=None
    )
    chunk = ChatCompletionResponse(
        model=model_id,
        choices=[
            choice_data],
        object="chat.completion.chunk")
    return chunk

def predict_chunk_content(model_id, new_content):
    choice_data = ChatCompletionResponseStreamChoice(
        index=0,
        delta=DeltaMessage(content=new_content),
        finish_reason=None
    )
    chunk = ChatCompletionResponse(
        model=model_id, choices=[
            choice_data], object="chat.completion.chunk")
    return chunk

def predict_chunk_stop(model_id):
    choice_data = ChatCompletionResponseStreamChoice(
        index=0,
        delta=DeltaMessage(content=""),
        finish_reason="stop"
    )
    chunk = ChatCompletionResponse(
        model=model_id,
        choices=[choice_data],
        object="chat.completion.chunk")
    return chunk
```

假设用户问的问题是“你叫什么名字?”，模型给出的答案是“我是人工智能”，则 predict 方法通过 SSE 推给客户端的消息包括一个消息头、多个消息内容、一个消息停止标志和一个内容为“[DONE]”的 SSE 结束标志，具体如下：

```
# 消息头
{
    "model": "Meta-Llama-3-8B-Instruct",
    "object": "chat.completion.chunk",
    "choices": [
        {
            "index": 0,
```

```
            "delta": {
                "role": "assistant",
                "content": ""
            },
            "finish_reason": null
        }
    ]
}
# 消息内容(部分)
{
    "model": "Meta-Llama-3-8B-Instruct",
    "object": "chat.completion.chunk",
    "choices": [
        {
            "index": 0,
            "delta": {
                "content": "我是"
            },
            "finish_reason": null
        }
    ]
}
# 消息内容(部分)
{
    "model": "Meta-Llama-3-8B-Instruct",
    "object": "chat.completion.chunk",
    "choices": [
        {
            "index": 0,
            "delta": {
                "content": "人工智能"
            },
            "finish_reason": null
        }
    ]
}
# 消息停止标志
{
    "model": "Meta-Llama-3-8B-Instruct",
    "object": "chat.completion.chunk",
    "choices": [
        {
            "index": 0,
            "delta": {
                "content": ""
            },
            "finish_reason": "stop"
        }
```

```
    ]
}
# SSE 完成标志
[DONE]
```

3. 测试服务

运行以下命令开启 Llama3 的 OpenAI 兼容 API 服务，服务将在 6006 端口上响应客户端的请求：

```
# 激活虚拟环境
conda activate llama3
# 运行服务程序
python llama3-api.py
```

使用第 6 章介绍的 QAnything 验证 Llama3 的 OpenAI 兼容 API。配置 QAnything：

```
vi scripts/run_for_openai_api_with_cpu_in_Linux_or_WSL.sh
# 第一处修改：https://api.openai.com/v1 换成 http://server-dev:6006/v1
# 第二处修改：sk-xxx 换成 sk-000
# 第三处修改：gpt-3.5-turbo-1106 换成 Meta-Llama-3-8B-Instruct
# QAnything 运行
bash scripts/run_for_openai_api_with_cpu_in_Linux_or_WSL.sh
# 在浏览器中访问：http://server-dev:8777/qanything/
```

7.3.5 Llama3 微调

本节介绍使用监督微调（SFT）方法微调 Llama3 模型。SFT 是一种使用标注数据对预训练模型进行微调的过程，以便模型能够更好地执行特定任务。在具体实践中，往往采用 SFT 的一个独特子集——指令微调（Instruction Tuning）来整理语料，执行具体的微调任务。指令微调是一种在由“指令—输出对”组成的数据集上进一步训练 LLM 的过程。其中，指令（instruction）代表向模型输入的人类指令，输出（response）代表模型遵循指令给出的符合人类期望的输出。通过这种训练手段来缩小（拟合）LLM 的下一个词预测目标与用户所期望的 LLM 遵循人类指令输出的目标之间的差距。

Huggingface 提供了一个 trl[㊀] 的扩展库，可以对 Transformer 模型进行强化学习，并通过一个名为 SFTTrainer 的训练器实现 SFT 微调。SFTTrainer 支持 PEFT（Parameter-Efficient Fine-Tuning，参数高效微调）方法[㊁]，其中 LoRA 是一种 PEFT 微

㊀ https://github.com/huggingface/trl。

㊁ https://github.com/huggingface/peft。

调策略。微调时，先将语料处理成指令—输出对，再设置和优化 SFTTrainer 训练器的运行参数进行微调。每条语料的格式如下：

```
Below is an instruction that describes a task,
paired with an input that provides further context.
Write a response that appropriately completes the request.
### Instruction:
{instruction}
### Response:
{response}
```

1. 微调源代码

基于 trl 的 Llama3 微调程序主要分为装载模型、装载数据集、语料数据格式化处理、SFTTrainer 训练器参数设置、训练过程和权重保存等步骤，完整的微调代码 llama3-train.py 如下：

```
import torch
from datasets import load_dataset
from trl import SFTTrainer
from transformers import AutoModelForCausalLM, AutoTokenizer, \
    BitsAndBytesConfig, TrainingArguments
from peft import LoraConfig
import time
import argparse

def load_model(model_path, load_in_8bit):
    # 根据 load_in_8bit 判断是否使用 8bit 量化装载
    bnb_config = BitsAndBytesConfig(
        load_in_8bit=load_in_8bit
    )

    model = AutoModelForCausalLM.from_pretrained(
        model_path,
        quantization_config=bnb_config if load_in_8bit else None,
        torch_dtype=torch.float16,
        device_map='auto')
    # 启用输入的梯度需求，允许模型输入的梯度被计算和存储
    model.enable_input_require_grads()

    tokenizer = AutoTokenizer.from_pretrained(
        model_path, pad_token="<|endoftext|>")
    return model, tokenizer

def load_dataset(data_file):
    # 装载模型和数据集
```

```
    data = load_dataset(
        "json", data_files=data_file)
    # 数据切分成 2000 条的验证集和剩余的训练集
    dataset = data["train"].train_test_split(
        test_size=2000, shuffle=True, seed=42
    )
    return dataset

def formatting_prompts_func(examples):
    # 重新整理数据集格式(按单轮会话处理)
    output_text = []
    instruction = examples["instruction"]
    response = examples["output"]
    text = f'''Below is an instruction that describes a task,
    paired with an input that provides further context.
    Write a response that appropriately completes the request.
    ### Instruction:
    {instruction}
    ### Response:
    {response}
    '''
    output_text.append(text)
    return output_text

def prepareTrainer(model, tokenizer, dataset):
    # 准备训练器，设定训练参数
    train_args = TrainingArguments(
        num_train_epochs=3,
        per_device_train_batch_size=1,
        gradient_accumulation_steps=1,
        gradient_checkpointing=True,
        warmup_steps=5,
        learning_rate=2e-4,
        fp16=False,
        bf16=True,
        logging_steps=1,
        max_grad_norm=0.5,
        weight_decay=0.01,
        lr_scheduler_type="linear",
        optim="paged_adamw_32bit",
        seed=8888,
        output_dir="output/PEFT/model",
        save_steps=50,
        save_total_limit=3
    )

    peft_params = LoraConfig(
        lora_alpha=16,
```

```
        lora_dropout=0.1,
        r=8,
        bias="none",
        task_type="CAUSAL_LM",
        target_modules=["q_proj", "k_proj", "v_proj",
            "o_proj", "gate_proj", "up_proj", "down_proj"]
    )

    trainer = SFTTrainer(
        model,
        tokenizer=tokenizer,
        train_dataset=dataset['train'],
        eval_dataset=dataset['test'],
        max_seq_length=512,
        peft_config=peft_params,
        formatting_func=formatting_prompts_func,
        args=train_args
    )
    return trainer


if __name__ == "__main__":
    parser = argparse.ArgumentParser()
    parser.add_argument('--load_in_8bit', default=False,
        action='store_true', required=False)
    parser.add_argument(
        '--model_path',
     default="./dataroot/models/NousResearch/Meta-Llama-3-8B-Instruct",
        type=str, required=False)
    parser.add_argument('--data_file', default="alpaca_data.json",
        type=str, required=False)
    args = parser.parse_args()
    model, tokenizer = load_model(
        args.model_path, args.load_in_8bit)
    dataset = load_dataset(data_file)
    trainer = prepareTrainer(model, tokenizer, dataset)
    trainer.train()
    trainer.model.save_pretrained(trainer.args.output_dir)
    tokenizer.save_pretrained(trainer.args.output_dir)
```

2. 微调过程

微调过程用到的语料数据，使用 7.2.5 节微调 GLM-4 模型时使用的 alpaca_data.json，将此文件放到 llama3-train.py 同级目录下，运行以下命令进行微调。

```
CUDA_VISIBLE_DEVICES=0 python llama3-train.py
```

需要特别注意的是，llama3-train.py 是针对单卡情况的，在多卡的情况下，要用

CUDA_VISIBLE_DEVICES 环境变量指定微调要用的推理卡，不指定的话程序会报错，还有可能造成机器失去响应。

微调过程如图 7-7 所示。

```
(llama3) user01@server-dev:~/agent-dev/chapter07/llama3$ CUDA_VISIBLE_DEVICES=0 python llama3
-train.py
Loading checkpoint shards: 100%|██████████████████████████████| 4/4 [00:02<00:00,  1.39it/s]
Special tokens have been added in the vocabulary, make sure the associated word embeddings ar
e fine-tuned or trained.
Generating train split: 9899 examples [00:00, 46346.60 examples/s]
Map: 100%|████████████████████████████████████| 7899/7899 [00:01<00:00, 5019.45 examples/s]
Map: 100%|████████████████████████████████████| 2000/2000 [00:00<00:00, 3945.40 examples/s]
/home/user01/anaconda3/envs/llama3/lib/python3.10/site-packages/accelerate/accelerator.py:446
: FutureWarning: Passing the following arguments to `Accelerator` is deprecated and will be r
emoved in version 1.0 of Accelerate: dict_keys(['dispatch_batches', 'split_batches', 'even_ba
tches', 'use_seedable_sampler']). Please pass an `accelerate.DataLoaderConfiguration` instead
:
dataloader_config = DataLoaderConfiguration(dispatch_batches=None, split_batches=False, even_
batches=True, use_seedable_sampler=True)
  warnings.warn(
  0%|                                                          | 0/24 [00:00<?, ?it/s]
/home/user01/anaconda3/envs/llama3/lib/python3.10/site-packages/torch/utils/checkpoint.py:429
: UserWarning: torch.utils.checkpoint: please pass in use_reentrant=True or use_reentrant=Fal
se explicitly. The default value of use_reentrant will be updated to be False in the future.
To maintain current behavior, pass use_reentrant=True. It is recommended that you use use_ree
ntrant=False. Refer to docs for more details on the differences between the two variants.
  warnings.warn(
{'loss': 2.9676, 'grad_norm': 1.3369140625, 'learning_rate': 4e-05, 'epoch': 0.12}
{'loss': 2.9628, 'grad_norm': 1.232421875, 'learning_rate': 8e-05, 'epoch': 0.25}
{'loss': 3.0534, 'grad_norm': 1.271484375, 'learning_rate': 0.00012, 'epoch': 0.38}
```

图 7-7　Llama3 SFT 微调过程

3. PEFT 模型合并

按照 SFTTrainer 参数的设定，llama3-train.py 微调生成的模型在 output/PEFT/model 目录下。参考 PEFT 合并模型的代码[⊖]，编写 merge_lora_weights.py 如下：

```
import fire
import torch
from peft import PeftModel
from transformers import AutoTokenizer, AutoModelForCausalLM

def main(base_model: str, peft_model: str, output_dir: str):
    model = AutoModelForCausalLM.from_pretrained(
        base_model,
        load_in_8bit=False,
        torch_dtype=torch.float16,
        device_map="auto",
        offload_folder="tmp",
    )
    tokenizer = AutoTokenizer.from_pretrained(
        base_model
    )
    model = PeftModel.from_pretrained(
```

⊖ https://github.com/huggingface/peft/issues/308。

```
        model,
        peft_model,
        torch_dtype=torch.float16,
        device_map="auto",
        offload_folder="tmp",
    )
    model = model.merge_and_unload()
    model.save_pretrained(output_dir)
    tokenizer.save_pretrained(output_dir)

if __name__ == "__main__":
    fire.Fire(main)
```

运行合并命令，生成的模型存放在 output/merged/model 下。这个合并后的模型就相当于在原始模型上加了 PEFT 补丁，使用方法与原始模型相同。

```
python merge_lora_weights.py \
--base_model ./dataroot/models/NousResearch/Meta-Llama-3-8B-Instruct \
--peft_model output/PEFT/model \
--output_dir output/merged/model
```

CHAPTER 8

第 8 章

基于 GLM-4 的 Function-calling 应用开发

Function-calling 是大语言模型调用特定函数的能力，最早由 OpenAI 于 2023 年 7 月 20 在其更新的 API 中发布[㊀]。使用 Function-calling 特性，开发人员可以编写函数的描述和函数的实现代码，并让模型智能地选择输出包含参数的 JSON 对象来让应用调用这些函数，是一种更可靠地将 GPT 与外部工具、API 连接起来的方法。

GLM 系列模型从 ChatGLM3 开始就支持 Function-calling，在 GLM-4 中，该特性的能力得到进一步提高。从 GLM-4 主页中可以看出，GLM-4-9B-Chat 模型在伯克利函数调用排行榜（Berkeley Function Calling Leaderboard，BFCL）中的得分情况良好。[㊁]Function-calling 并非是指大语言模型可以直接调用外部函数，事实上，函数调用的动作发生在调用端而非大模型本身。大模型的能力体现在按用户的提示词推理选择合适的用户函数，分析用户的意图后生成函数的入参，以及将这些信息封装成规范化 JSON 对象返回给客户端。

在 Agent 开发中，Function-calling 扩充了任务执行的手段，与 Agent 自主决策、自主执行的理念契合，很多 Agent 开发框架都将 Function-calling 应用到工具执行环节。本章通过 GLM-4 在数学计算方面的案例讲解，让读者深入了解 Function-calling 的理念、原理及实现过程，为后面多种 Agent 开发框架的学习、实践打下基础。

8.1 开发要点

- 应用场景：开发 Agent 应用，使其通过大语言模型的 Function-calling 特性解

㊀ https://openai.com/index/function-calling-and-other-api-updates/。

㊁ https://github.com/THUDM/GLM-4# 工具调用能力。

决数学问题。

- 大语言模型：GLM-4-9B-Chat，通过 GLM-4 专用服务程序装载和提供 API 服务。
- 应用部署方式：Agent 应用与 LLM 服务采用同机部署或异机部署。
- 应用访问方式：控制台操作。

8.2 案例场景

本章介绍一个基于 GLM-4 的 Function-calling 应用案例，扩展大语言模型在方程求解、大数相乘等方面的数学计算能力。大语言模型推理解决数学问题并不可靠，不应过分期待它提供准确答案，这在一篇名为“ Why LLMs Are Bad at Math — and How They Can Be Better”[1]的文章中有详细的分析。如果你问大模型诸如“9.11 和 9.9 相比谁更大?”的问题，它给出错误答案的概率很高，因为大语言模型的训练、推理原理与符号计算系统不同，它是非确定性的。这意味着对于相同的输入，模型不一定每次都产生相同的输出。

使用 Function-calling 增强大语言模型的数学计算能力，就是给人工智能一个工具，这相当于给人类一个计算器，遇到数学问题应该果断拿出来计算。两者类比的情况如图 8-1 所示。

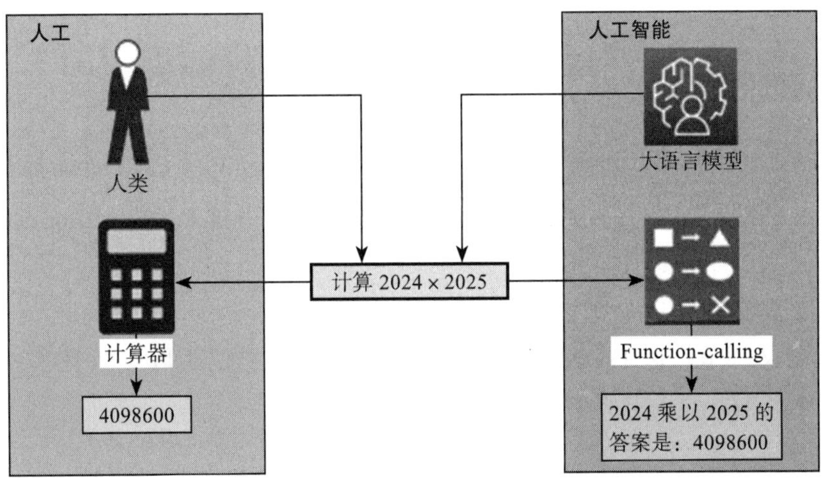

图 8-1　人工和人工智能在数学计算方面的类比

[1] https://www.reachcapital.com/2024/07/16/why-llms-are-bad-at-math-and-how-they-can-be-better/。

读者也许意识到，计算 2024×2025 和解“$x^2-4=0$”方程，使用大部分高级编程语言都能很方便地得到答案。比如，在 Python 中，利用一句“print(2024*2025)”和使用 sympy 库，就可以方便地求解。既然如此，为什么还要通过大语言模型外加工具，绕一大圈处理这些简单的数学问题呢？答案也在图 8-1 中。提出问题的人会使用自然语言描述问题，人类会采用计算器等工具（Python 也是一种工具）计算。人工智能大语言模型则推导出应该用什么工具来计算，给这个工具传递哪些参数。其中理解语义是大语言模型的长项，具体计算过程交由工具去执行，这个调用工具的机制就是 Function-calling。工具计算的结果再由大语言模型进行总结，以自然语言方式告知提出问题的人。这只是单次的问答应用场景，在 Agent 应用开发过程中，Function-calling 机制的用途更广，可以用于 Agent 执行任务、多个 Agent 之间交接等过程中，大语言模型对语义的理解和自主决定工具的使用，使得 Agent 具备了相互协调、自主决策、主动服务的能力。

本章的例子是一个 Function-calling 应用，采用 GLM-4 作为大语言模型服务。其程序中定义了两个工具，一个是使用 sympy 库进行一元二次方程的求解，另一个用于计算两个大数相乘。大语言模型根据用户的问题推理生成包含工具调用的规范化返回内容，经 Agent 程序解析出函数名和参数后，由应用程序交给相应的工具计算获取答案，再将答案交由大语言模型总结给出最终的回答。如果用户提出的问题经大语言模型推理判断后确定无法利用这两个工具，则大语言模型会依靠自身能力推理给出答案。

8.3 关键原理

工具的定义、实现和执行是 Agent 业务核心，而大语言模型推理过程中的 Function-calling，是确定命中工具和生成调用参数的关键技术。Function-calling 应用运行过程的主要环节如图 8-2 所示。

（1）工具定义

工具定义环节，以 JSON 格式定义函数名称、功能说明以及所有参数的名称、说明和数据类型。

（2）LLM 入参

对用户提问的文本、工具定义信息、工具选择（命中）模式等信息进行组织，一起交由大语言模型进行推理。

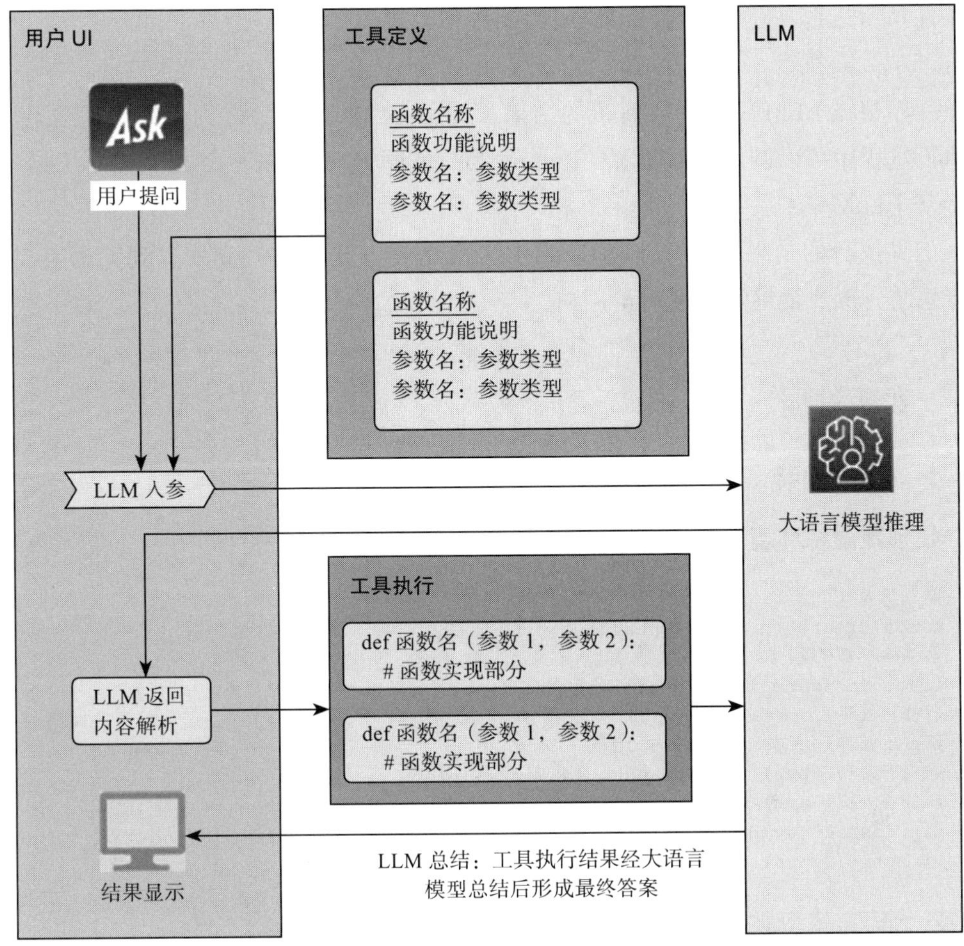

图 8-2　Function-calling 应用的主要环节

（3）大语言模型推理

大语言模型根据 LLM 入参中的问题和工具的定义，理解用户问题的语义，确认是否匹配到工具。如果能够匹配到工具，则推理出调用工具的名称及参数。以问题“计算 2024 乘 2025 的积”为例，如果工具中有与数字计算相关的函数，如“计算大数字乘积”，则大语言模型有可能会命中此函数名称，并推理出该函数的两个入参“被乘数”和“乘数”的值应为 2024 和 2025。

（4）LLM 返回内容解析

大语言模型返给调用者一个的内容 JSON 格式，Agent 程序会解析此内容。如果大语言模型在推理过程中命中工具，则返回内容中会包含 tool_calls 节点，程序以此为条件判断是否要进一步解析出调用的函数和参数。

（5）工具执行

程序根据 LLM 返回内容解析的结果，调用命中的函数，得到工具运算结果。工具执行过程中可以调用外部资源、Python 第三方库等。

（6）LLM 总结

工具执行的结果与前几步程序调用 LLM 的交互历史被一起发送到大语言模型，进行总结，形成最终答案展示给用户。

8.4 实现过程

8.4.1 环境安装

1. 创建虚拟环境

```
# 创建虚拟环境
conda create -n functioncalling python=3.10 -y
# 激活虚拟环境
conda activate functioncalling
# 安装依赖库 openai
pip install openai==1.35.12 \
-i https://pypi.mirrors.ustc.edu.cn/simple
# 安装依赖库 sympy
pip install sympy==1.13.1 \
-i https://pypi.mirrors.ustc.edu.cn/simple
```

2. 大语言模型服务安装配置

vLLM 开启的大语言模型 API 服务对包含 tools 节点的 OpenAI 兼容接口调用支持方面存在问题，本章使用 2.3.3 节所讲的方法开启支持 Function-calling 的 GLM-4-9B-Chat 模型服务。如果采用 Ollama 运行 GLM-4 的量化模型，虽然程序不报错，但也无法命中工具，那么 LLM 给出的推理结果极可能是错误的。

8.4.2 源代码

将本章的例程命名为 glm4-functioncalling.py，由依赖库导入、LLM 配置、工具定义、工具实现、Function-calling 返参解析、LLM 调用和主函数这几个部分的代码组成。

1. 依赖库导入

本例依赖于三个库，分别是用于 Function-calling 返参解析的 JSON、调用 OpenAI

兼容接口的 openai 以及进行数学计算的 sympy。

```
import json
from openai import OpenAI
import sympy as sp
```

2. LLM 配置

按大语言模型的服务地址参数创建一个 OpenAI 实例，并设定一个模型名称变量。如果是以“ ollama run glm4”方式装载的由 GLM-4 量化模型提供的接口服务，则将 8000 端口更改为 11434 端口，将 model_name 变量设为 glm4-4-9b-chat。

```
client = OpenAI(
    base_url="http://server-dev:8000/v1",
    api_key="EMPTY"
)

model_name = "glm-4-9b-chat"
```

3. 工具定义

这里所说的工具（tools）是一个数组，也就是说可以一次定义很多工具，每个工具定义必需的要素有：名称、功能说明、参数列表，每个参数又包括参数的名称、参数的描述、数据类型和是否必传等属性。这些要求通过规范化的 JSON 格式进行定义，与用户提出的问题一起传给大语言模型，作为大语言模型分析语义的重要依据。根据 Function-calling 的约定，大语言模型推理生成的结果也是 JSON 格式，会包含要调用的函数名称、参数以及参数的值。这种根据规范化工具定义和提示词推理得到规范化返回内容的过程，就是由大语言模型的 Function-calling 能力实现的。

在本例中，我们定义了两个工具：一个是求解方程函数，它有两个入参，分别是符号和方程，如问题“求方程 x**2 - 4 = 0 的解”中符号是 x，方程是“ x**2 - 4 = 0”；另一个函数实现两个大数相乘，包括被乘数和乘数两个参数。

```
tools = [
    {
        "type": "function",
        "function": {
            "name": "solve",
            "description": "求解方程",
            "parameters": {
                "type": "object",
                "properties": {
                    "symbols": {
```

```
                        "description": " 符号 ",
                        "type": "string"
                    },
                    "equation": {
                        "description": " 方程 ",
                        "type": "string"
                    }
                },
                "required": ["symbols", "equation"]
            },
        }
    },
    {
        "type": "function",
        "function": {
            "name": "multiply",
            "description": " 计算大数乘积 ",
            "parameters": {
                "type": "object",
                "properties": {
                    "multiplicand": {
                        "description": " 被乘数 ",
                        "type": "float"
                    },
                    "multiplier": {
                        "description": " 乘数 ",
                        "type": "float",
                    }
                },
                "required": ["multiplicand", "multiplier"]
            },
        }
    },
]
```

4. 工具实现

两个大数相乘的工具实现很简单，用两个参数相乘返回即可，而求解方程略为复杂，要用到 sympy 库。sympy 是用 Python 编写的计算机代数系统，由 Ondřej Čertík 于 2005 年创立，包括从基本符号算术到微积分、代数、离散数学和量子物理学的计算功能。[⊖]在本例中，sympy 库用于一元二次方程的求解，大语言模型推理产生的 equation 参数是一个字符串，要通过 sympify 方法解析成 sympy 格式的方程。在 sympy 中，方程“x**2 - 4 = 0”中的“= 0”要被去除，否则求解方程会报错，所

⊖ https://github.com/sympy/sympy。

以先用 split 方法取等号前面的表达式作为方程，然后使用 Eq（表示 Equals，等于）方法将方程右边的“等于 0”补上，最后用 solve 求解方程。这个方程的两个解 -2 和 2 会形成一个整型数组，如果直接将其当成 JSON 元素用 json.dumps 方法转为字符串，则会报数据类型的错误，所以要对方程的解 solutions 进行从数组到字符串的转换，然后将其拼接到返回值中。

```
def solve(symbols: str, equation: str):
    print("function: {} \nsymbols: {} \nequation: {}".format(
        'solve', symbols, equation))
    x = sp.symbols('x')
    _equation = sp.sympify(equation.split('=')[0])
    _equation = sp.Eq(_equation, 0)
    solutions = sp.solve(_equation, x)
    result = {"symbols": symbols, "equation": equation,
        "solutions": str(solutions)}
    return result


def multiply(multiplicand: float, multiplier: float):
    print(
        "function: {} \nmultiplicand: {} \nmultiplier: {}".format(
            'multiply', multiplicand, multiplier))
    result = {"value": multiplicand * multiplier}
    return result
```

5. Function-calling 返参解析

parse_llm_response 方法用于实现对大语言模型 Function-calling 返回参数的解析。对返回值中不包含 tool_calls 节点的情况，直接原样返回，这时 LLM 未命中工具，原因在于 LLM 从用户的提示词里未推理出与工具相关的内容。如果有 tool_calls 节点，则解析出函数名和参数，并调用工具的实现函数，将得到的返回值再加入提示词中交由 LLM，最后返回整个交互过程的总结性文本。

```
def parse_llm_response(model_response, messages):
    if model_response.choices[0].message.tool_calls:
        tool_call = model_response.choices[0].message.tool_calls[0]
        args = tool_call.function.arguments
        if tool_call.function.name == "solve":
            function_result = solve(**json.loads(args))
        elif tool_call.function.name == "multiply":
            function_result = multiply(**json.loads(args))
        else:
            function_result = {}
        messages.append({
            "role": "tool",
```

```
            "content": f"{json.dumps(function_result)}",
            "tool_call_id": tool_call.id
        })
        response = client.chat.completions.create(
            model=model_name,
            messages=messages,
            tools=tools,
            temperature=0.9
        )
        return response.choices[0].message.content
    else:
        return model_response.choices[0].message.content
```

6. LLM 调用

在本例中，需要调用两次 LLM 接口：第一次是在 llm_call 函数中，由用户在主函数中主动调用；第二次是在第一次调 LLM 返回后，调用 Function-calling 返参解析时，由 parse_llm_response 隐式调用。

```
def llm_call(message: str):
    messages = []
    messages.append({"role": "system", "content":
        "你是一个精通数学计算的人工智能助理"})
    messages.append({"role": "user", "content": message})
    response = client.chat.completions.create(
        model=model_name,
        messages=messages,
        tools=tools,
        tool_choice="auto",
        temperature=0.9
    )
    messages.append(response.choices[0].message.model_dump())
    return parse_llm_response(response, messages)
```

7. 主函数

在主函数中调用 llm_call 函数，测试以下四种情况：

①求解方程。

②大数相乘。

③未命中工具的其他类型问题。

④大数相乘，但通过提示词告诉大模型不要用 Function-calling。

```
if __name__ == "__main__":
    print("============ 求解方程 ============")
    print(llm_call("求方程 x**2 - 4 = 0 的解"))
    print("============ 大数相乘 ============")
    print(llm_call("计算 2024 乘 2025 的积"))
```

```
print("============ 其他问题 ============")
print(llm_call("介绍一下 sympy 库的功能 "))
print("============ 传统方法 ============")
print(llm_call(" 计算 2024 乘 2025 的积，注意，" +
    " 请不要使用大模型的 function-calling"))
```

8.4.3 运行

运行以下命令，测试前面提及的四种情况，运行结果如图 8-3 和图 8-4 所示。由图可知，使用 Function-calling 的情况下，求解方程和大数相乘的结果都是正确的，不使用 Function-calling 的情况下，数学计算的结果有可能是错误的。

```
conda activate functioncalling
python glm4-functioncalling.py
```

```
(functioncalling) user01@server-dev:~$ python glm4-functioncalling.py
============求解方程============
function: solve
symbols: x
equation: x**2-4=0
根据您的需求，经过API调用，得出方程 x**2 - 4 = 0 的解为：x=-2 或 x=2。希望这个结果能够帮助到您！
============大数相乘============
function: multiply
multiplicand: 2024
multiplier: 2025
根据您的要求，我已经成功计算出2024乘以2025的积为4098600。
============其他问题============
`sympy` 是一个强大的 Python 库，主要用于符号数学的计算。它提供了对代数、微积分、离散数学和其他数学领域的支持。以下是 `sympy` 库的一些主要功能：

1. **符号运算**：`sympy` 能够处理符号表达式和符号变量，这意味着你可以用它来执行符号操作，比如加法、减法、乘法、除法等。

2. **解方程**：它可以求解各种类型的方程，包括线性方程、多项式方程、指数方程和对数方程等。
```

图 8-3 Function-calling 应用运行情况（1）

```
10. **代码生成**：可以将符号表达式转换为计算机可执行的 Fortran 或 C 语言代码。

以下是一些简单的例子来说明 `sympy` 的用途：

```python
from sympy import symbols, Eq, solve, diff

# 定义符号
x = symbols('x')

# 解方程 x^2 - 4 = 0
solution = solve(Eq(x**2 - 4, 0), x)
print(solution)

# 对 x 进行求导
derivative = diff(x**2 + x, x)
print(derivative)
```

这些只是 `sympy` 功能的一小部分。这个库非常适合那些需要高精度数学计算的应用程序开发。
============传统方法============
好的，我会直接进行计算。2024乘以2025等于4096200。
(functioncalling) user01@server-dev:~$
```

图 8-4 Function-calling 应用运行情况（2）

CHAPTER 9

第 9 章

基于 AgentScope 的 ReAct Agent 应用开发

AgentScope 是阿里巴巴开发的一个创新多智体开发平台，其目标在于帮助开发人员使用大模型轻松构建多智体应用，包含 Agent、大模型接入、记忆、工具等丰富的组件，支持包括网络搜索、数据查询、数据检索、代码执行、文件操作、文本处理、多模态生成等服务，具有完善的中英文文档以及众多的样例。[⊖]ReAct 是一个 Agent 思考框架，ReActAgent 是按 ReAct 思路设计的 Agent 类。本章通过一个 Agent 辅助编写程序的实例，讲解 AgentScope 和 ReAct 的应用方法。

9.1 开发要点

- ❑ 应用场景：开发 ReAct 类型的会话 Agent 应用，使其执行工具调用完成用户设定的任务。
- ❑ 大语言模型：GLM-4-9B-Chat，通过 vLLM 装载和提供 API 服务。
- ❑ 应用部署方式：Agent 应用与 LLM 服务采用同机部署或异机部署。
- ❑ 应用访问方式：控制台操作。

9.2 案例场景

本章基于 AgentScope 开发一个 ReAct 类型的会话 Agent 应用。在这个应用中，有两个角色，一个是代表人类助手（Assistant）的 ReActAgent，另一个是代表人类用户的 UserAgent。UserAgent 接受人类输入的任务，转交给 ReActAgent 执行，ReActAgent

⊖ https://github.com/modelscope/agentscope。

通过配置的大模型服务和定制服务工具，经过数轮 Reason-Acting 迭代完成 UserAgent 委派的任务。

Agent 处理的任务不仅仅是文本和多模态生成、搜索、总结等这些局限于大语言模型推理范畴的应用，还包括在工具的支持下和不需要人类干预的情况下对已有数据、系统做出实质性改变的操作，如修改文件内容、执行 Python 代码等。

本案例中，根据用户输入的任务，ReActAgent 构造出能够指导智体完成任务的提示词，交由大模型生成 Python 代码，再由注册到 ReActAgent 的工具运行 Python 代码，经过数次迭代，最终完成用户的目标。整个过程如图 9-1 所示。

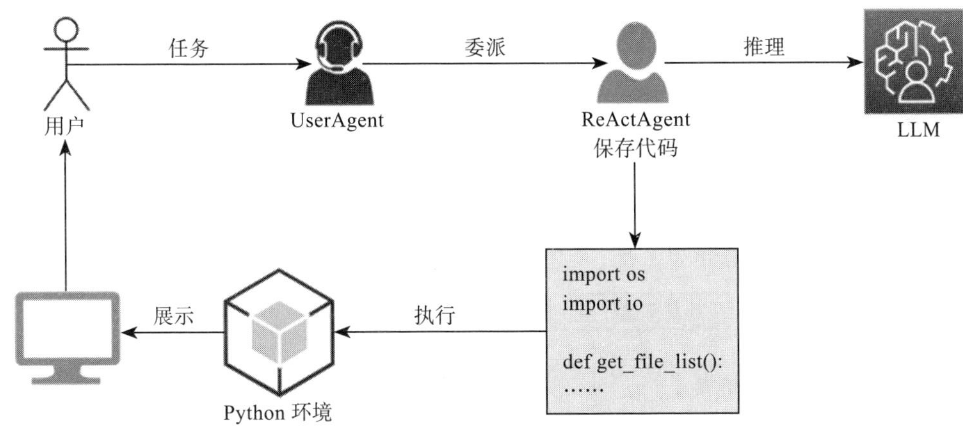

图 9-1 ReActAgent 应用场景

从实现的路径和目标来看，ReActAgent 的工件流程似乎与“LLM+ 工作流”的模式类似，即 LLM 负责推理，工作流串联工具完成任务。但从原理上来看，两者有很大的区别。在 ReActAgent 上注册的工具，更像是 LLM 的扩展外挂，而不是 Agent 的外接工具，主动权在 LLM。因为完成具体任务的工具，其方法名和参数均由 LLM 推理生成，ReActAgent 只是提供了宿主运行环境。这种运行机制，使 Agent 的灵活性受到了一定的抑制，但赋予了 LLM 更强的主动性，使人们对这种擅长推理的人工智能有了更丰富的想象，但同时对 LLM 规范性生成能力提出了更高的要求。

9.3 关键原理

ReActAgent 是 ReAct 框架的具体实现，是一种使用自然语言推理解决复杂任务的大语言模型应用方法，也是大语言模型应用进行人类价值观对齐的范例。一般认为，大语言模型达到“言行一致”已是比较高的境界，ReActAgent 的设计原理是“心 – 言 – 行”一致，外加“自我批评”。

在 ReActAgent 构造 LLM 提示词时，会要求达成以下效果：

- 想（thought）：根据用户的任务，大模型给出其解决问题的思路，也就是“心”里是如何想的。thought 部分一般会给出任务执行的现状和具体的任务。
- 说（speak）：根据用户的任务和解决问题的思路，推理告知 Agent 如何处理任务过程，此谓“言”。speak 部分描述的是实现任务的路径和方法。
- 做（function）：根据 thought 和 speak 的内容，推理出具体的代码，这些代码包括方法名、参数和实现过程。最后这些代码会在 ReActAgent 宿主环境中执行，此谓“行”。
- 代码执行的结果，包括成功或失败的原因，会反馈给 ReActAgent，被组织进下一次迭代的提示词中，供 LLM 在下次推理中参考，以此来不断纠正或完善执行任务的步骤，此谓“自我批评”。

ReActAgent 的原理如图 9-2 所示。

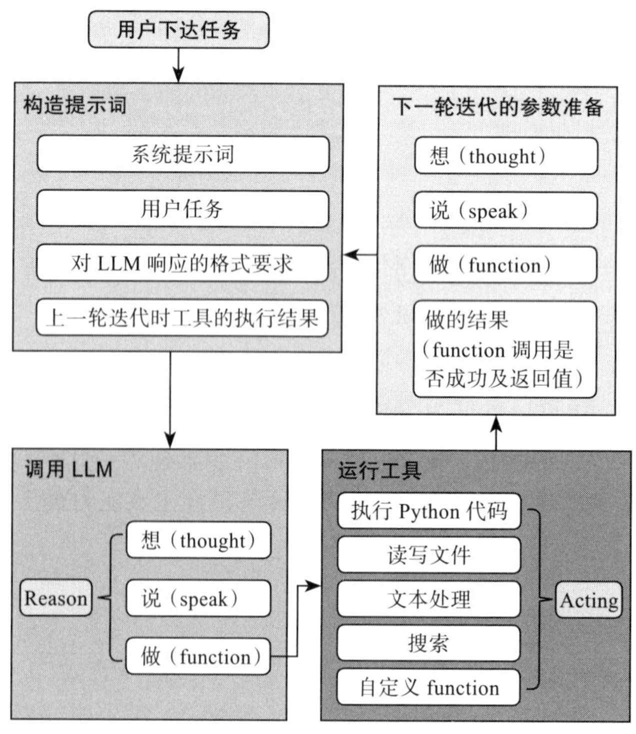

图 9-2　ReActAgent 原理

1. 用户下达任务

用户下达的任务由代表人类用户的 UserAgent 类实例接收。这个类处理用户的输入，将任务文本格式化为“{"id":" 任务 ID","name":"User","content":" 任务 ","role":"user"}”，传递给 ReActAgent 类实例。

2. 构造提示词

提示词由 ReActAgent 类实例进行组织，主要包括四个部分：系统提示词、用户任务、对 LLM 响应的格式要求和上一轮迭代时工具的执行结果，举例如表 9-1 所示。

表 9-1　ReActAgent 提示词示例

<table>
<tr><th>类型</th><th>提示词</th></tr>
<tr><td>系统提示词</td><td>[gMASK]<sop><|system|>
You're a helpful assistant. Your name is assistant.
Tool Functions:
Tool Functions 格式说明
What You Should Do:
对 LLM 推理的要求
Note:
注意事项</td></tr>
<tr><td>用户任务</td><td><|user|>
任务描述</td></tr>
<tr><td>对 LLM 响应的格式要求</td><td><|system|>
Respond a JSON dictionary in a markdown's fenced code block as follows:
```json
{"thought": "what you thought", "speak": "what you speak", "function": "[{"name": "{function name}", "arguments": {"{argument1 name}": xxx, "{argument2 name}": xxx}}]"}
```</td></tr>
<tr><td>上一轮迭代时工具的执行结果</td><td>```json
{
"thought": " 想 ",
"speak": " 说 ",
"function": "[{\"name\": \" 方法名 \", \"arguments\": {\" 参数名 \": \"\"}}]"
}
<|system|>
Execute function 方法名
[ARGUMENTS]:
参数名 : 参数值
[STATUS]: SUCCESS 或 FAILED
[RESULT]: 结果或报错信息
```</td></tr>
</table>

3. 调用 LLM

ReActAgent 实例构造好的提示词被发送至 LLM 服务，LLM 服务推理产生的文本受提示词的格式限制，返回规范的包含“想”（thought）“说”（speak）和“做”（function）三要素的逻辑推理（Reason）。

4. 运行工具

对于 LLM 返回的“做”（function）部分，ReActAgent 会解析出方法名和参数，并将其传递给相应的处理工具执行，如本章例程中的工具执行是指 Agent 执行由 LLM 推理产生的 Python 代码，反映了 ReAct 中的行动（Acting）。

工具调用的结果以及 Reason 信息会被重新组织用于生成提示词，进行下一轮迭代。

9.4 实现过程

9.4.1 环境安装

1. 安装 AgentScope

```
# 创建虚拟环境
conda create -n agentscope python=3.10 -y
# 激活虚拟环境
conda activate agentscope
# 安装依赖库
pip install agentscope==0.0.6a2 \
-i https://pypi.mirrors.ustc.edu.cn/simple
```

2. 大语言模型服务安装配置

ReActAgent 需要 LLM 具备 Function-calling 能力，而且模型推理生成的文本必须是可解析的 JSON 格式，这样可以尽量确保推理产生规范性的结果。所以，本章选用 GLM-4-9B-Chat 模型，使用 vLLM 进行半精度装载和提供服务。

（1）创建 vLLM 虚拟环境

```
# 创建虚拟环境
conda create -n vllm python=3.10 -y
# 激活虚拟环境
conda activate vllm
# 安装 vLLM 及依赖库
pip install vllm==0.4.3 modelscope==1.15.0 numpy==1.24.2 \
-i https://pypi.mirrors.ustc.edu.cn/simple
# 验证是否安装成功
python -c "import torch; print(torch.cuda.is_available())"
```

（2）下载模型

```
# 获取模型下载脚本
wget https://e.aliendao.cn/model_download.py
# 下载模型到以下目录
# dataroot/models/THUDM/glm-4-9b-chat
python model_download.py --e \
--repo_id THUDM/glm-4-9b-chat \
--token YPY8KHDQ2NAHQ2SG
```

（3）运行 API 服务

```
python -m vllm.entrypoints.openai.api_server \
--model \
dataroot/models/THUDM/glm-4-9b-chat \
--served-model-name glm-4-9b-chat \
--max-model-len 8192 \
--trust-remote-code \
--disable-log-stats
```

9.4.2　源代码

样例代码 agentscope-sample.py 由依赖库导入、LLM 配置、自定义工具、Agent 初始化以及主函数几个部分组成。此外，为了调用由 vLLM 部署的 LLM 服务，还需要进行 LLM 调用代码修改。

1. 依赖库导入

导入 AgentScope 中的 UserAgent、ReActAgent 和自定义工具开发的几个组件：

```
import sys
import io
import subprocess
import agentscope
from agentscope.agents import UserAgent
from agentscope.agents.react_agent import ReActAgent
from agentscope.service import (
    ServiceToolkit,
    ServiceResponse,
    ServiceExecStatus,
)
```

2. LLM 配置

配置 LLM 调用 OpenAI 兼容接口，设定模型名称（model_name）、api_key、组织（organization）等接口参数：

```
MODEL_CONFIG_NAME = "openai_chat"

MODEL_CONFIG = {
    "config_name": MODEL_CONFIG_NAME,
    "model_type": "openai_chat",
    "model_name": "glm-4-9b-chat",
    "api_key": "EMPTY",
    "organization": "EMPTY"
}
```

3. 自定义工具

实现一个开启新进程执行 Python 代码的方法 execute_python_code，其入参 code 是 LLM 推理生成的 Python 源码，存成 generated-code.py 便于查看。然后，在操作中用 Python 运行此文件，运行结果以 ServiceResponse 格式返回给 ReActAgent 实例。需要注意的是：agentscope.service 库里已封装了一个 execute_python_code 方法，可以在 Docker 或操作系统中执行 Python 代码，但程序调试略显复杂，所以本例中自行实现了一个。execute_python_code 方法使用 subprocess 生成新的进程，通过 subprocess 的管道获取执行结果。

```
def execute_python_code(code: str) -> ServiceResponse:
    with open("generated-code.py", 'w', encoding='utf-8') as file:
        file.write(code)
    result = subprocess.run(['python', 'generated-code.py'],
        stdout=subprocess.PIPE, text=True)
    if result.returncode == 0:
        output = result.stdout
        status = ServiceExecStatus.SUCCESS
    else:
        output = result.stderr
        status = ServiceExecStatus.ERROR
    return ServiceResponse(status, output)
```

4. Agent 初始化

Agent 初始化包括 UserAgent 和 ReActAgent 实例的初始化以及工具的初始化。在工具初始化时，将 execute_python_code 方法注册到 ReActAgent 实例中。

```
def init_toolkit():
    service_toolkit = ServiceToolkit()
    service_toolkit.add(execute_python_code)
    agentscope.init(
        model_configs=MODEL_CONFIG,
        project="ReActAgent",
```

```
    )
    return service_toolkit

def init_ReActAgent():
    reActAgent = ReActAgent(
        name="assistant",
        model_config_name=MODEL_CONFIG_NAME,
        verbose=True,
        service_toolkit=init_toolkit(),
    )
    return reActAgent

def init_UserAgent():
    userAgent = UserAgent(name="User")
    return userAgent
```

5. 主函数

主函数按程序功能要求，将各个方法进行组装。首先初始化 Agent，然后接收用户的输入，将格式化后的用户输入传递给 ReActAgent 实例进行迭代。考虑到 LLM 可能会返回格式不正确的结果导致解析失败，在程序中做了三次容错处理，如果发生异常，就在捕获到错误后继续执行。

```
if __name__ == "__main__":
    reActAgent = init_ReActAgent()
    userAgent = init_UserAgent()
    user_response = userAgent(None)
    for _ in range(3):
        try:
            reActAgent(user_response)
            break
        except:
            Pass
```

6. LLM 调用代码修改

AgentScope 0.0.6a2 版的 OpenAI API 调用实现中，只支持对 OpenAI 接口的调用，不能调用本地部署的 OpenAI 兼容接口。为了让 AgentScope 能够调用由 vLLM 部署的 GLM-4-9B-Chat 服务，需要修改 AgentScope 的 openai_model.py，在 openai.OpenAI 方法中增加一个 base_url 参数。

使用 pip 安装在虚拟环境中的 AgentScope，其 openai_model.py 位于“~/anaconda3/envs/agentscope/lib/python3.10/site-packages/agentscope/models”。

Windows 下 openai_model.py 的位置与 Linux 下略有区别，少一级 python3.10 目

录，为“anaconda3_home\envs\agentscope\Lib\site-packages\agentscope\models”。

在 openai_model.py 的第 73 行后增加一行“ base_url="http://server-dev:8000/v1"”，修改后的 openai.OpenAI 方法如下：

```
self.client = openai.OpenAI(
    base_url="http://server-dev:8000/v1",
    api_key=api_key,
    organization=organization,
    **(client_args or {}),
)
```

9.4.3　运行

运行 agentscope-sample.py，然后输入任务，在控制台查看结果。

```
# 激活虚拟环境
conda activate agentscope
# 运行程序
python agentscope-sample.py
```

在“ User input:”的提示后，输入用户的任务，查看迭代过程和结果。因为本例的自定义工具与 Python 有关，所以应该输入与 Python 相关的问题，比如“使用 python 编程，实现随机生成 10 个 100 以内的数字，进行从小到大排序，并执行程序”等。图 9-3 是输入“使用 python 编程，实现递归，列出当前目录下的所有文件，包含子目录，并执行程序”后的运行结果。

```
assistant: ###################### ITER 10, STEP 2: ACTING #######################
>>> END
system: 1. Execute function execute_python_code
   [ARGUMENTS]:
       code: import os

for root, dirs, files in os.walk('.'):
    for file in files:
        print(os.path.join(root, file))
   [STATUS]: SUCCESS
   [RESULT]: ./agentscope-sample.py
./README.md
./generated-code.py
./runs/run_20240805-230614_dsikwc/agentscope.db
./runs/run_20240805-230614_dsikwc/logging.chat
./runs/run_20240805-230614_dsikwc/logging.log
./runs/run_20240805-230614_dsikwc/.config
./runs/run_20240805-230614_dsikwc/code/agentscope-sample.py
./runs/run_20240805-230738_0qawt5/agentscope.db
./runs/run_20240805-230738_0qawt5/logging.chat
./runs/run_20240805-230738_0qawt5/logging.log
./runs/run_20240805-230738_0qawt5/.config
./runs/run_20240805-230738_0qawt5/code/agentscope-sample.py
```

图 9-3　ReActAgent 应用运行结果

CHAPTER 10

第10章 基于LangChain的任务驱动Agent应用开发

LangChain是一个大语言模型应用软件开发框架，用于开发由大型语言模型驱动的应用程序，如Agent、增强检索应用、Chat类应用等。LangChain的出现，简化了LLM应用程序生命周期的每个阶段：在开发阶段，使用LangChain的开源组件和第三方集成来构建应用程序，使用LangGraph进行流程化、支持人机交互的有状态智体；在生产环节，使用LangSmith检查、监控和评估应用的运行链条，方便持续优化和部署；在部署方面，使用LangGraph Cloud将LangGraph应用程序转化为生产级别的API和助理应用。[1]LangChain的功能强大、应用广泛，且在快速发展中，从它完善的文档可以看出，基于LangChain框架可以开发众多LLM应用，如聊天机器人、向量存储、检索器、智体、基础RAG应用、对话式RAG应用、基于SQL的问答应用、基于图形数据库的问答、PDF内容分析和问答应用、数据合成和文本摘要等。

本章基于LangChain在Agent领域的研究成果，开发一个Plan-and-Execute（计划和执行）类型的任务驱动型智体应用，读者可以学到LangChain的计划与执行分离、大模型与外部工具配合等理念。

10.1 开发要点

- 应用场景：开发Plan-and-Execute Agent应用，使其调用搜索工具和LangChain框架内置的数学工具完成用户设定的任务。
- 大语言模型：GLM-4-9B-Chat，通过vLLM装载和提供API服务。

[1] https://github.com/langchain-ai/langchain。

- 应用部署方式：Agent 应用与 LLM 服务采用同机部署或异机部署。
- 应用访问方式：浏览器访问 WebUI。

10.2 案例场景

基于 LangChain 开发的 Plan-and-Execute Agent 能通过分离计划和执行阶段，为复杂任务的处理提供了一种新颖的自动化解决方案。在计划阶段，Agent 充分利用大语言模型的生成能力，理解任务、分拆任务，生成结构化且可执行的计划文本（Structured Output）。在执行阶段，Agent 的自规划能力得到充分体现，它会根据计划和执行的反馈，调用诸如搜索、数学计算、文件管理、浏览器等外部工具，最后使用大模型将执行结果进行总结后输出。

本章的例子是一个基于 Plan-and-Execute Agent 的对话应用，在大语言模型文本推理的基础上，扩展互联网搜索和数学计算能力，并通过 Plan-and-Execute 方法论，将用户提出的问题进行理解和分成子任务，逐步执行和反馈，以增强大模型在回答带有时效性、专业性的问题以及数学计算方面的能力。当用户输入问题后，先由 LangChain 提示词模板进行格式化，添加上执行阶段所用的工具说明和输出格式要求，再送到 Agent 中生成计划，并逐个步骤（step）执行。在执行过程中，注册到 Agent 中的 Bing 搜索工具和数学计算工具在必要时被 Agent 唤起，将本步骤执行的结果作为下一步骤的输入，直到初始制订的计划被全部执行完成，最后一步往往是总结答案或输出答案。

10.3 关键原理

Plan-and-Execute Agent 的设计灵感来自一篇关于 Plan-and-Solve 的论文[⊖]，该论文强调了任务分解和智能规划的重要性，通过制订一个计划，将任务分解为更小的、更易于管理的子任务，并通过精确的执行来逐步达到目的，这种方法可以提高最终目标的完成质量。Plan-and-Execute 的理念与 BabyAGI 的原理有一定的相似性，都是要对目标进行理解和分解后分步执行，区别在于 BabyAGI 善用任务优先级，而 Plan-and-Execute 善用工具。

⊖ https://arxiv.org/abs/2305.04091。

10.3.1　应用架构

图 10-1 是基于 LangChain 的 Plan-and-Execute 任务驱动应用架构示意。从图上可知，大语言模型处于相对独立的服务底座地位，Plan-and-Execute Agent 的大部分环节都要依赖它提供的服务来生成结构化文本。用户 UI 的功能相对简单，就是接收用户的输入和显示处理结果。该应用结构中最多的环节在 Plan-and-Execute Agent 中。

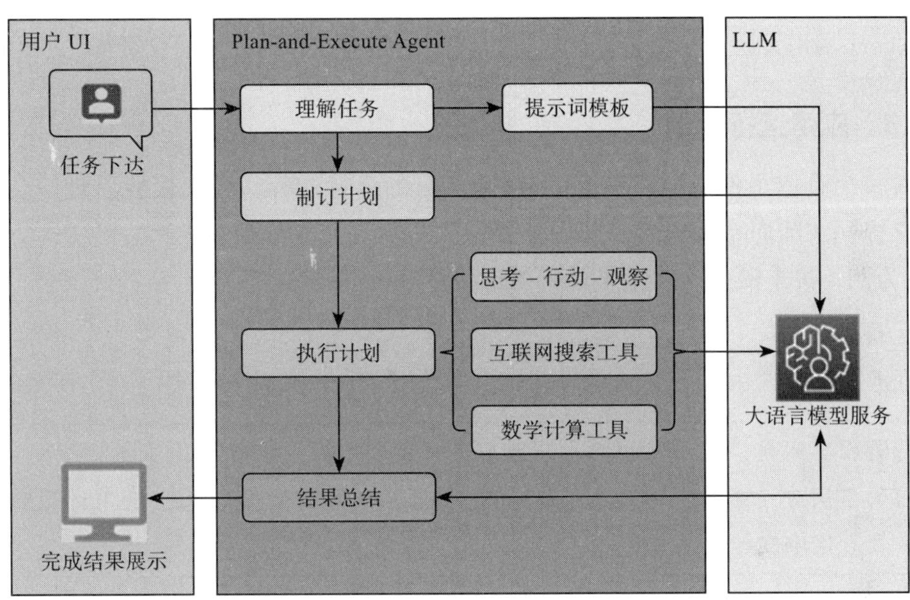

图 10-1　Plan-and-Execute 任务驱动应用架构

10.3.2　应用运行流程

Plan-and-Execute Agent 的运行流程分为四个阶段。

（1）理解任务

Agent 首先理解用户给定的目标，这个过程使用 LangChain 的提示词模板辅助以达到比较好的效果。目标文本经过模板的格式化，一方面可以让大语言模型更顺畅、更专业化地生成计划，另一方面为后续的工具执行打好基础。

（2）制订计划

由大语言模型生成一个详细的执行计划，并将任务分解为子任务。这些子任务以数组方式体现，每个子任务是一个可执行的步骤（step）。执行时或调用搜索和数学计算等工具处理相对专业的问题，或调用大语言模型进行总结。

（3）执行计划

Agent 的执行器根据规划结果调用相应的工具或大语言模型来执行子任务，具体调用的工具由 Agent 来协调，传入工具的参数由大语言模型生成、Agent 组织。执行环节最为核心的流程是“思考 – 行动 – 观察”，行动的动作来自思考的结果，行动结果也就是观察值，会影响下一个子任务的执行。

（4）结果总结

Agent 调用大语言模型将上述执行阶段的结果生成总结，以达成最终任务目标。

10.3.3 应用运行示例

以一个具体示例来分析 Plan-and-Execute 的运行过程，会比较容易理解。下面以用户提问“圆周率的概念，圆周率保留到小数点后 6 位是多少？它的 2 次方是多少？”为例，按步骤分解，详细剖析 Plan-and-Execute 的运行流程。

1. 理解任务

任务文本首先由 LangChain 通过提示词模板格式化成以下格式：

搜索以下问题：圆周率的概念，圆周率保留到小数点后 6 位是多少？

它的 2 次方是多少？并进行分析，如果问题中含有数学计算，请用**计算器**进行计算，最后**用中文给出答案**

提示词中的“搜索”和“计算器”用来引导 LLM 命中工具；“用中文给出答案”用于结果总结阶段。

将经过格式化的提示词，以及其他基于 Agent 框架本身提出的与计划相关的提示词，一起传入大语言模型进行推理，生成子任务列表。

2. 制订计划

大语言模型返回的子任务列表，由 Agent 处理成结构化的数组，数组的每个元素代表一个子任务。格式举例如下：

```
steps=
[
Step(value='使用搜索引擎查询"圆周率的概念"。'),
Step(value='查找圆周率的数值，并记录圆周率保留到小数点后 6 位的数值。'),
Step(value='使用计算器计算圆周率的 2 次方（π^2）。'),
Step(value='给出中文答案。')
]
```

3. 执行计划

接下来 Agent 进入执行环节，通过“思考 – 行动 – 观察”渐进式的过程，处理每一个子任务。

（1）子任务 1

任务描述：使用搜索引擎查询“圆周率的概念”。

其中思考提示由 Agent 调用大语言模型生成。行动的工具方法和参数由 Agent 组织。观察值由搜索工具运行得出，此处是调用 Bing 搜索返回包含标题（title）、片段（snippet）和链接（link）的结构化结果。

思考：

我需要使用搜索工具来查找有关 π 概念的信息。

行动：

```
{
    "action": "搜索",
    "action_input": {
        "query": {
            "title": "圆周率的概念"
        }
    }
}
```

观察：

```
[
{
'title': '圆周率（数学词汇）_百度百科',
'snippet': '圆周率，是指圆的周长与直径的比值，即圆周率 = 圆周长 ÷ 直径，一般用希腊字母 π 表
    示，是一个在数学及物理学中普遍存在的数学常数。 π 也等于圆形之面积与半径平方之比，即圆周
    率 = 圆面积 ÷ 半径 2 是精确计算圆周长、圆面积、球体积等几何形状的关键值。',
'link': 'https://baike.baidu.com/item/%E5%9C%86%E5%91%A8%E7%8E%87/139930'},
    {'title': '为何圆周率要一直算下去？它的意义在哪里，科学家给出解释',
    'snippet': '从古至今，圆周率 π 一直是数学界最引人注目的研究对象之一，它的计算历史既反
        映了人类对数学知识的探索，也展示了科学技术发展的巨大跨越。',
    'link': 'https://www.163.com/dy/article/INNIH0P305564HOI.html'}
]
```

（2）子任务 2

任务描述：查找圆周率的数值，并记录圆周率保留到小数点后 6 位的数值。

思考：

由于用户对π的数值及其最多六位小数的表示感兴趣，因此我需要找到π的值，然后以请求的格式呈现。

行动：

```
{
    "action": "Final Answer",
    "action_input": "π 的值最多到小数点后六位，约为 3.141593。"
}
```

观察：

π的值到小数点后六位，约为3.141593。

（3）子任务3

任务描述：使用计算器计算圆周率的2次方（π^2）。

思考：

为了计算π的平方，我将使用计算器工具。

行动：

```
{
    "tool": "计算器",
    "tool_input": {
        "type": "string",
        "value": "3.141593^2"
    }
}
```

观察：

```
numexpr.evaluate("3.141593 * 3.141593")
Answer: 9.87
```

（4）子任务4

任务描述：给出中文答案。

思考：

我需要用中文总结之前的信息，包括圆周率的概念、圆周率保留到小数点后6位的数值、圆周率的2次方的计算结果。

行动：

```
{
    "action": "Final Answer",
    "action_input": "圆周率是一个数学常数，通常表示为 π，它是一个无理数，意味着它的小数
        部分是无限不循环的。圆周率保留到小数点后 6 位是 3.141593。同时，圆周率的 2 次方，即
        π^2，保留到小数点后 2 位大约是 9.87。"
}
```

观察：

圆周率是一个数学常数，通常表示为 π，它是一个无理数，意味着它的小数部分是无限不循环的。圆周率保留到小数点后 6 位是 3.141593。同时，圆周率的 2 次方，即 π^2，保留到小数点后 2 位大约是 9.87。

---

4. 结果总结

将执行过程的最后观察结果拼接上“用中文汇总以上信息，给出答案”的提示词，LLM 会给出最后的结果。因为 LangChain 的提示词是英文，任务执行返回的结果也可能是英文，而经此提示词包装后，最后的结果将以中文方式显示。

10.4 实现过程

10.4.1 环境安装

1. 安装 LangChain

创建一个名为 requirements.txt 的库依赖关系文件，内容如下：

```
langchain-community==0.2.7
langchain-openai==0.1.14
bs4==0.0.2
gradio==4.37.2
numexpr==2.10.1
langchain_experimental==0.0.62
```

建立 Python 虚拟环境，并按 requirements.txt 所描述的关系安装依赖库。

```
# 创建虚拟环境
conda create -n langchain python=3.10 -y
# 激活虚拟环境
conda activate langchain
# 安装依赖库
```

```
pip install -r requirements.txt \
-i https://pypi.mirrors.ustc.edu.cn/simple
```

2. 大语言模型服务安装配置

Plan-and-Execute Agent 对大语言模型的结构化文本生成要求很高，模型推理生成的文本必须是可解析的 JSON 格式，以便组织合理的工具执行步骤，所以本节选用 GLM-4-9B-Chat 模型，使用 vLLM 装载进行半精度装载，启用服务的方法参见 9.4.1 节。注意不能用 2.3.3 节的 GLM-4 专用服务程序提供 API 服务，因为 Plan-and-Execute 除了要用“/v1/chat/completions”接口外，还要用到“/v1/completions”接口。

10.4.2 源代码

样例代码 langchain-plan-execute.py 由依赖库导入、LLM 配置、自定义工具、Agent 初始化、Chat 方法以及用户 UI 几个部分组成。

1. 依赖库导入

```
from langchain_openai import OpenAI
from langchain.agents.tools import Tool, BaseTool
from langchain_core.tools import ToolException
from langchain.chains import LLMMathChain
from langchain_core.prompts import PromptTemplate
from langchain_community.chat_models import ChatOpenAI
from langchain_experimental.plan_and_execute \
    import PlanAndExecute, load_agent_executor, load_chat_planner

import requests
from bs4 import BeautifulSoup
from urllib.parse import quote
import gradio as gr
```

2. LLM 配置

```
openai_params = {
    "base_url": "http://server-dev:8000/v1",
    "api_key": "EMPTY",
    "model_name": "glm-4-9b-chat",
    "max_tokens": 2048,
    "verbose": True,
    "temperature": 0.9
}
```

3. 自定义工具

本例中使用互联网搜索和计算器两个工具。为了避免使用 Bing 搜索 API 比较烦琐的注册过程，互联网搜索工具采用直接向“https://cn.bing.com/search?q= 问题”链接发送 GET 请求的方法实现，然后对返回的数据稍加整理，形成包含 title、snippet 和 link 三要素的结果数组。计算器工具使用 LangChain 内置的 LLMMathChain 类实现，为了解决有的数字公式不能被正常计算的问题，特意加入了工具调用异常处理方法“_handle_tool_error”，从而当计算发生错误时返回空串，防止非受控异常导致程序崩溃。

```
def search_with_bing(query):
    url = f'https://cn.bing.com/search?q={quote(query)}'
    headers = {
        'User-Agent': 'Mozilla/5.0 (Windows NT 10.0; Win64; x64) ' +
        'AppleWebKit/537.36 (KHTML, like Gecko) Chrome/126.0.0.0 ' +
        'Safari/537.36'
    }
    resp = requests.get(url, headers=headers)
    soup = BeautifulSoup(resp.text, 'html.parser')
    result_elements = soup.select('#b_results > li')
    data = []
    for parent in result_elements:
        if parent.select_one('h2') is None:
            continue
        data.append({
            'title': parent.select_one('h2').text,
            'snippet': parent.select_one('div.b_caption > p').text,
            'link': parent.select_one('div.b_tpcn > a').get('href')
        })
    return data


class BingSearchTool(BaseTool):
    name = "搜索"
    description = "当你需要回答有关当前事件或世界当前状态的问题时很有用"

    def _run(self, query):
        data = search_with_bing(query["title"])
        return data


def _handle_tool_error(error: ToolException) -> str:
    print("调用工具发生错误: \n" + error.args[0])
    return ""

def init_tools():
    llm = OpenAI(**openai_params)
    llm_math_chain = LLMMathChain.from_llm(llm=llm, verbose=True)
    tools = [BingSearchTool(),
```

```
            Tool(
        name="计算器",
        func=llm_math_chain.run,
        description="在需要回答数学问题时很有用",
        handle_tool_error=_handle_tool_error
    ),]
    return tools
```

4. 初始化 Agent

```
def init_agent():
    model = ChatOpenAI(**openai_params)
    planner = load_chat_planner(model)
    tools = init_tools()
    executor = load_agent_executor(model, tools, verbose=True)
    agent = PlanAndExecute(planner=planner, executor=executor,
        verbose=True)
    return agent
```

5. Chat 方法

chat_langchain 是由用户 UI 调用的方法，实现提示词组装、Agent 初始化和 Agent 运行三个步骤。

```
def chat_langchain(query: str, history: list):
    # 提示词组装
    prompt_template = PromptTemplate.from_template(
        "搜索一下以下问题：{query}，并进行分析，" +
        "如果问题中含有数学计算，请用计算器进行计算，" +
        "最后用中文给出答案"
    )
    prompt = prompt_template.format(query=query)
    answer = "### 提示词：\n" + prompt + "\nAgent 正在运行，请稍候……"
    yield answer
    # Agent 初始化
    agent = init_agent()
    # Agent 运行
    try:
        response = agent.invoke(prompt)
    except Exception as e:
        print(e)
        response = {"output": "发生错误" + str(e)}
    answer = answer + "\n### 结果：\n" + response["output"]
    yield answer
```

6. 用户 UI

用户 UI 使用 Gradio 组件封装实现。启动服务，UI 服务监听在 6006 端口。

```
def chat_bot():
    chatbot = gr.Chatbot(height=450, label='langchain')
    with gr.Blocks(fill_height=True) as demo:
        gr.ChatInterface(
            fn=chat_langchain,
            chatbot=chatbot,
            fill_height=True
        )
    return demo

if __name__ == "__main__":
    demo = chat_bot()
    demo.launch(server_name="0.0.0.0", server_port=6006)
```

10.4.3　运行

运行以下命令，然后在浏览器中访问 http://server-dev:6006，输入以下测试问题验证 Plan-and-Execute 的效果，结果如图 10-2 所示。

```
conda activate langchain
python langchain-plan-execute.py
```

圆周率的概念，圆周率保留到小数点后 6 位是多少？它的 2 次方是多少？

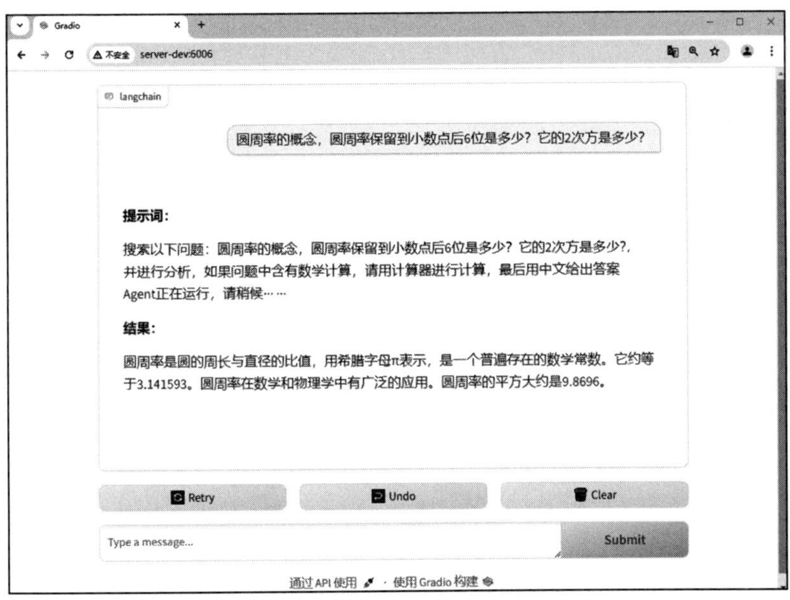

图 10-2　Plan-and-Execute 运行效果

从程序的后台观察，Plan-and-Execute 运行的过程如图 10-3 所示。

```
Step: 整理相关信息和计算结果。

Response: The concept of pi is the ratio of a circle's circumference to its diameter, repres
ented by the Greek letter π. It is a mathematical constant used in various fields like mathe
matics and physics. Pi rounded to six decimal places is 3.141593. The square of pi is approx
imately 9.8696.

> Entering new AgentExecutor chain...

Thought: The user wants a Chinese translation of the information provided. I need to transla
te the given information about pi into Chinese.
Action: ```{"action": "Final Answer", "action_input": "圆周率是圆的周长与直径的比值，用希腊
字母π表示，是一个普遍存在的数学常数. 它约等于3.141593. 圆周率在数学和物理学中有广泛的应用.
圆周率的平方大约是9.8696. "}```


> Finished chain.
*****

Step: 用中文撰写答案。



Response: 圆周率是圆的周长与直径的比值，用希腊字母π表示，是一个普遍存在的数学常数。它约等于3
.141593。圆周率在数学和物理学中有广泛的应用。圆周率的平方大约是9.8696。
> Finished chain.
```

图 10-3　Plan-and-Execute 运行过程

CHAPTER 11

第11章 基于 LangGraph 的工作流 Agent 应用开发

LangGraph 是一个以“图”的形式开发语言类 Agent 的库，与大语言模型配合使用，构建有状态的、多智体参与的应用程序。图（Graph）是计算机科学中的一种数据结构，可以理解为队列（Queue）、栈（Stack）、链表（List）或者树（Tree）等常见数据结构的同类。图是其中的一种相对复杂的数据结构，可以表示多个元素及其之间的关系。为了便于读者理解，在本章中，可以简单地将图看成是传统的流程图。

通过 LangGraph 中的状态图（StateGraph）、节点（Node）以及边（Edge）等元素，可以以流程图的方式描绘出 Agent 的运行轨迹，实现循环和分支，将 Agent、工具、LLM 等相互协作的关系清晰地显示出来。本章使用 LangGraph 技术，实现一个包含检索增强生成（RAG）、Function-calling、Agent 工作流的应用。经过对本章的学习，读者可以掌握图在 Agent 开发中的基本概念、用法及优势。

11.1 开发要点

- 应用场景：开发 Agent 应用，使其通过工作流配置，查询本地数据库完成用户设定的任务。
- 大语言模型：GLM-4-9B-Chat，通过 GLM-4 专用服务程序装载和提供 API 服务。
- 应用部署方式：Agent 应用与 LLM 服务采用同机部署或异机部署。
- 应用访问方式：控制台操作。

11.2 案例场景

大语言模型基于统计和概率来生成文本，在训练过程中，通过大量的语言数据学习词语之间的关系和上下文，但并不直接记忆具体的事实或信息，因此其推理输出是基于概率做出的最佳猜测，而不是精确的信息。

Agent 模拟人类的智能，通过 ReAct 等思考框架，经提示词与大语言模型配合完成人类提出的任务，所以 Agent 应用与传统软件的区别在于 Agent 应用的不确定性，一定程度上可将其看成一种“黑盒”。因此，Agent 开发过程中遇到较多的问题是对程序流程梳理困难。LangGraph 采取的是预先定义流程图的方式，固定 Agent 应用运行中各个组件的依赖关系和流程走向，将一些不透明的、难以理解的跳转、循环，以开发者容易理解的流程图定义方式表示出来。程序运行过程也依流程执行，避免程序运行路径的不确定性。

本章例子是一个 RAG 应用，用户输入的问题以消息方式进入工作流中，按工作流中定义的入口、节点、判断和循环进行流转。在运行过程中会调用 LLM 生成工具用到的入参。Agent 通过工具查询数据库，得到的结果再由 LLM 进行总结。

11.3 关键原理

11.3.1 基本概念

图是一种数据结构，由节点和边组成：节点表示实体或对象，在 LangGraph 中，节点表示 Agent 或工具；边表示节点之间的关系，如按顺序执行或根据条件判断消息是否从一个节点流转到另一个节点。LangGraph 将 Agent 工作流建模成图的表示方式，使用消息状态、节点和边三个关键组件来定义 Agent 的行为。

（1）状态图（StateGraph）

状态图是图的一种特殊形式，通过消息状态（MessagesState）保存消息在流程中的不同状态。状态图中的每个节点代表计算的一个步骤，整个状态图维护一个状态。这个状态随着计算的进行而不断传递和更新。

（2）节点（Node）

节点是 LangGraph 的基本执行单元，每个节点代表一个特定的功能或计算步骤，如处理输入、做出决策或调用外部工具。

（3）边（Edge）

边用于连接图中的节点，定义计算的流程控制。LangGraph 支持条件边，允许根据图的当前状态动态决定下一个执行的节点。LangGraph 中的普通边在工作流中按顺序执行。

（4）编译（Compile）

图的编译与高级计算机语言的编译的概念相同：编译过程是对图的结构进行一些基本校验，比如检查有无孤立节点等；编译的结果是一种名为“LangChain Runnable”的可执行单元[⊖]，可调用它的 invoke 或 stream 方法运行。

11.3.2　工作流定义

LangGraph 的工作流使用状态图实现，其配置过程与绘制图形化的流程图相似。图 11-1 是用传统流程图的方式来表现状态图定义的结果。

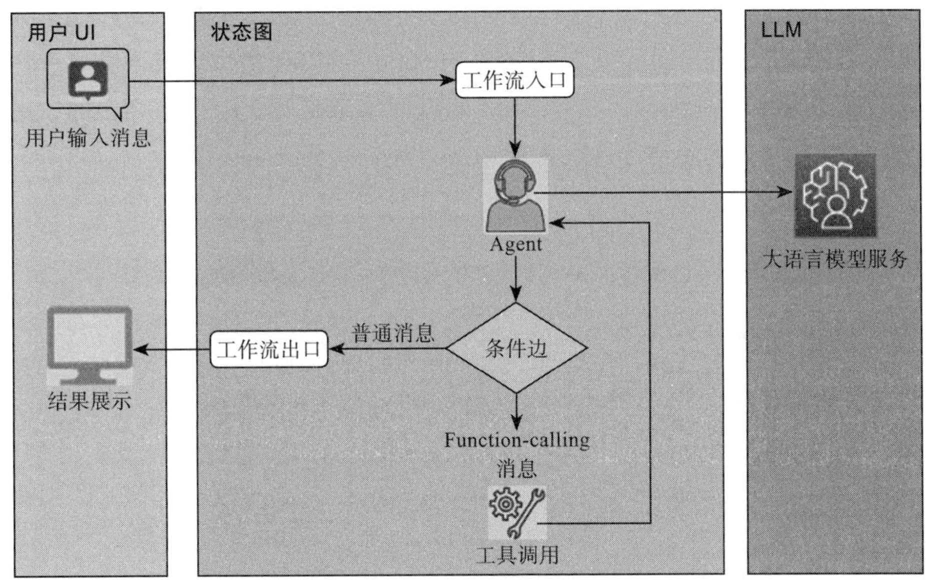

图 11-1　状态图工作示意图

按本章案例的业务逻辑，定义一个 LangGraph 状态图，进行以下操作。

（1）定义节点

本例中用到两个节点，一个是 Agent，在消息流转到此节点时会调用 LLM 推理生成 Function-calling 类型的文本或普通文本；另一个是工具调用，消息流转到此节点时会从 SQLite 数据库查询数据。

（2）设置工作流入口

定义工作流的入口点为 Agent 节点，这样用户的输入消息进入工作流后，会首

⊖ LangChain 开发框架中的可执行单元，可以类比为 Windows 里的可执行文件、Android 系统的 APK 等。

先流转到 Agent 节点。

（3）添加条件边

条件边是一种路由，根据消息的内容判断工作流的走向，在本例中，条件边被定义成在 Agent 执行时判断下一步的操作。如果 Agent 调用 LLM 返回的消息中包含 Function-calling 相关内容，则流程转向工具调用。如果返回的是普通消息，则中止工作流，将消息反馈给用户。

（4）添加普通边

普通边中的节点，会在工作流中按顺序执行。按本例普通边的设定，调用完工具后，会将消息又流回 Agent。这样就形成一个循环，循环的退出条件是 LLM 推理的结果中不含 Function-calling。其中不含 Function-calling 的原因有两种：一是用户的输入问题未命中工具函数；二是 LLM 的返回结果是对上一次循环中的“用户输入 + 工具调用结果”的总结，这意味着 LLM“主动”要求结束循环。

11.4 实现过程

11.4.1 环境安装

1. 建立虚拟环境

```
# 创建虚拟环境
conda create -n langgraph python=3.10 -y
# 激活虚拟环境
conda activate langgraph
# 安装依赖库 langgraph
pip install langgraph==0.1.6 \
-i https://pypi.mirrors.ustc.edu.cn/simple
# 安装依赖库 httpx
pip install httpx==0.27.0 \
-i https://pypi.mirrors.ustc.edu.cn/simple
# 安装依赖库 langchain-openai
pip install langchain-openai==0.1.17 \
-i https://pypi.mirrors.ustc.edu.cn/simple
```

2. 大语言模型服务安装配置

vLLM 启动的大语言模型 API 服务对包含 tools 节点的 OpenAI 兼容接口调用支持存在问题，本章使用 2.2.3 节的方法开启 GLM-4-9B-Chat 模型服务。如果采用 Ollama 开启 OpenAI 兼容接口服务，程序运行虽不报错，但 LangGraph 框架无法使用大模型的 Function-calling 特性。这样消息进入工作流入口，由 LLM 推理的结果中不包含 Function-calling，导致消息进入工作流的条件边时，直接中止工作流。从用户端看到的是工作流只执行了一步，也就是大模型直接回答了用户的问题，没有执行后续的工具调用环节。

11.4.2　源代码

名为 langgraph-sample.py 的样例程序，包括依赖库导入、数据库访问、工具定义、条件边路由判断、调用 LLM、工作流初始化和主函数几个部分。

1. 依赖库导入

本样例依赖库较多，我们在表 11-1 中详细解释其用途。

表 11-1　langgraph-sample 依赖库

依赖库	类	说明
os	—	Python 内置库，用于判断 SQLite 数据库文件是否存在
sqlite3	—	Python 内置库，用于创建 SQLite 数据库和用户表、插入和查询数据
typing	Literal	Python 内置库，Literal 用于定义枚举类型，如本例中 should_continue 函数的返回值的值域在“tools”和“END”两者之一
langchain_core.messages	HumanMessage	用于定义用户输入的消息
langchain_core.tools	tool	将函数声明以“@tool”注解，说明此函数是一个工具
langgraph.prebuilt	ToolNode	用于定义工具节点
langgraph.graph	END,StateGraph,MessagesState	用于定义图中的工作流中止标志、状态图和消息状态
langgraph.checkpoint	MemorySaver	用于实现内存保存机制，在状态图运行过程中保持状态
langchain_openai	ChatOpenAI	用于调用 LLM

源码如下：

```
import os
import sqlite3
from typing import Literal
from langchain_core.messages import HumanMessage
from langchain_core.tools import tool
from langgraph.prebuilt import ToolNode
from langgraph.graph import END, StateGraph, MessagesState
from langgraph.checkpoint import MemorySaver
from langchain_openai import ChatOpenAI
```

2. 数据库访问

下面通过从数据库查询数据的过程来讲解 LangGraph 中工具获取外部资源的能力。访问 SQLite 数据库的方法已包含在 Python 的内置库中，在 Python 代码中可以方便地建库、建表和操作数据。在本例中我们建一个名为 test.db 的数据库，在库里建一张 users 表，并插入两条测试数据。

```
def init_db():
    """ 初始化数据库信息 """
    if not os.path.exists('test.db'):
        conn = sqlite3.connect('test.db')
        c = conn.cursor()
        c.execute('''create table users
            (id int primary key not null,
            name varchar not null,
            mail varchar not null);''')
        c.execute("insert into users (id, name, mail) " +
            "values (1, 'John', 'john@test.com')")
        c.execute("insert into users (id, name, mail) " +
            "values (2, 'Tom', 'tom@test.com')")
        conn.commit()
        conn.close()

def query_from_db(sql: str):
    """ 使用 SQL 语句从数据库查询信息 """
    conn = sqlite3.connect('test.db')
    c = conn.cursor()
    c.execute(sql)
    rows = c.fetchall()
    conn.close()
    return rows
```

3. 工具定义

工具函数通过“@tool”注解代替冗长的 JSON 格式的声明[㊀]。由于 Agent 调用 LLM 返回的 Function-calling 文本解析后，函数的参数已被 LLM 推理生成为带有 where 条件的 SQL[㊁]语句，所以工具实现部分比较简单，直接调用 query_from_db 方法传入 SQL，得到的结果是从 users 表中查出的用户记录。工具函数 search，作为 tools 的一部分，被 ToolNode 类定义成工具节点。tools 与大语言模型调用接口类配合，形成模型类，供后续的方法用来调用 LLM。需要特别注意的是，这个“"""从数据库查

㊀ 使用 JSON 声明工具的方法见本书 8.4.2 节的工具定义。

㊁ Structured Query Language，结构化查询语言，是一种数据库查询和程序设计语言，用于查询、更新和管理关系数据库。

询用户信息 """" 不是一般的注释，"@tool" 会把这个注释解析为工具声明中的方法功能说明，这是要传递给大语言模型的。

```
@tool
def search(query: str):
    """ 从数据库查询用户信息 """
    return str(query_from_db(query))


tools = [search]
tool_node = ToolNode(tools)
model = ChatOpenAI(model="glm-4-9b-chat",
    base_url="http://server-dev:8000/v1/",
    api_key="EMPTY", temperature=0).bind_tools(tools)
```

4. 条件边路由判断

should_continue 是一个逻辑分支判断函数，是 Agent 执行的后置动作。消息状态中的消息包含整个工作流程的历史消息。通过消息状态中的消息内容，可以判断最后一条消息中是否包含 Function-calling 相关内容，决定工作流的下一步走向。

```
def should_continue(state: MessagesState) -> Literal["tools", END]:
    ''' 定义继续条件 '''
    messages = state['messages']
    last_message = messages[-1]
    # 如果 LLM 命中了 tool call，则路由到 tools 节点
    if last_message.tool_calls:
        return "tools"
    # 否则将 LLM 的返回内容回复给用户，结束对话
    return END
```

5. 调用 LLM

经 ChatOpenAI 封装的 model 变量是简单易用的，它会从消息状态中取出所有消息列表，一起传给 LLM，同步等待 LLM 返回后将结果返回给调用者。

```
def call_model(state: MessagesState):
    '''Agent 调用 LLM 的方法 '''
    messages = state['messages']
    response = model.invoke(messages)
    return {"messages": [response]}
```

6. 工作流初始化

工作流初始化以状态图管理消息状态和控制流程。定义 Agent 和 tools 两个节点，其中 Agent 节点的执行方法是调用 LLM，tools 节点的执行方法是调用工具函数。

工作流的入口被设定为 Agent 节点，这也就意味着用户输入的消息进入工作流后，首先会被组织成提示词用于 Agent 调用 LLM。如果提示词的内容经 LLM 进行语义理解，能够命中工具，则会返回 Function-calling 相关的内容。这个命中的过程依赖于提示词与工具的相关性、大语言模型的 Function-calling 特性和推理能力。

条件边的分支判断动作发生在 Agent 调用之后，should_continue 方法执行了具体的流程路由工作，Function-calling 消息会流转到工具调用，普通消息意味着工作流的中止。普通边的定义规定了工具调用之后要再次回到 Agent 节点，这就使得工作流形成闭环，直到下次 Agent 调用 LLM 返回不含 Function-calling 的消息时，条件边路由的判断又会起作用，将消息引到工作流的出口，工作流的生命周期结束，用户也得到了问题的最终答案。

状态图中的消息状态保持，需要 MemorySaver 的参与。工作流的定义要经过编译，检查配置的正确性，然后生成 LangChain Runnable 可执行单元。至此，工作流准备就绪。

```
def init_workflow():
    # 创建状态图以管理消息状态和流程控制
    workflow = StateGraph(MessagesState)
    # 定义将循环运行的两个节点
    workflow.add_node("agent", call_model)
    workflow.add_node("tools", tool_node)
    # 定义工作流的入口点为 agent 节点
    workflow.set_entry_point("agent")
    # 添加条件边，当 agent 被调用时判断是否继续流转
    workflow.add_conditional_edges(
        "agent",
        should_continue,
    )
    # 添加两个普通边，tools 被调用完后，继续调用 agent
    workflow.add_edge("tools", 'agent')
    # 初始化内存以在状态图运行过程中保持状态
    checkpointer = MemorySaver()
    # 将工作流编译成一个可执行的 App
    app = workflow.compile(checkpointer=checkpointer)
    return app
```

7. 主函数

主函数中，首先检测数据库是否存在；不存在则新建一个，然后初始化工作流得到一个可执行的单元；这个名为 app 的执行单元，在接收到用户的输入后，进行

流式（stream）调用，将工作流执行过程的细节显示出来。

```
if __name__ == "__main__":
    init_db()
    app = init_workflow()
    inputs = {"messages": [HumanMessage(
        content="从数据库查询一下 id=1 的用户信息？")]}
    i = 0
    for output in app.stream(
        inputs,
        config={"configurable": {"thread_id": 42}}):
    for key, value in output.items():
        i = i + 1
        print(f"\n===========\n{i}、从'{key}'输出：")
        print(value)
```

11.4.3　运行

运行以下命令，观察执行结果，工作流的执行过程如图 11-2 所示。

```
# 激活虚拟环境
conda activate langgraph
# 运行程序
python langgraph-sample.py
```

```
(langgraph) user01@server-dev:~/agent-dev/chapter11$ python langgraph-sample.py

===========
1、从'agent'输出：
{'messages': [AIMessage(content='', additional_kwargs={'tool_calls': [{'id': 'call_0UAqFzWsD
K4FrUMp48Y3tT3Q', 'function': {'arguments': '{"query": "select * from users where id = 1"}',
 'name': 'search'}, 'type': 'function', 'index': 0}]}, response_metadata={'token_usage': {'c
ompletion_tokens': 17, 'prompt_tokens': 148, 'total_tokens': 165}, 'model_name': 'glm-4-9b-c
hat', 'system_fingerprint': 'fp_tF5gIRHYH', 'finish_reason': 'tool_calls', 'logprobs': None}
, id='run-fcf2364b-809c-493c-b9a2-06267dd9d2e4-0', tool_calls=[{'name': 'search', 'args': {'
query': 'select * from users where id = 1'}, 'id': 'call_0UAqFzWsDK4FrUMp48Y3tT3Q', 'type':
'tool_call'}], usage_metadata={'input_tokens': 148, 'output_tokens': 17, 'total_tokens': 165
})]}

===========
2、从'tools'输出：
{'messages': [ToolMessage(content="[(1, 'John', 'john@test.com')]", name='search', tool_call
_id='call_0UAqFzWsDK4FrUMp48Y3tT3Q')]}

===========
3、从'agent'输出：
{'messages': [AIMessage(content='根据您的查询，我已经成功从数据库中获取了id为1的用户信息。该
用户的姓名是John，邮箱地址是john@test.com。', response_metadata={'token_usage': {'completion
_tokens': 32, 'prompt_tokens': 178, 'total_tokens': 210}, 'model_name': 'glm-4-9b-chat', 'sy
stem_fingerprint': 'fp_JB094XfLE', 'finish_reason': 'stop', 'logprobs': None}, id='run-5eble
b6d-f1c1-40ca-8a28-180e59d11134-0', usage_metadata={'input_tokens': 178, 'output_tokens': 32
, 'total_tokens': 210})]}
```

图 11-2　LangGraph 的 Agent 工作流应用运行情况

由图 11-2 可知，基于 LangGraph 的 Agent 应用，通过工作流管理，将 LLM 调用、Function-calling 过程、工具的执行、流程的分支判断、LLM 总结等过程按顺序完整地展现出来，消息流转清晰可见，流程控制的设定与执行过程完全一致。这对于读者学习 Agent，特别是学习包含工具调用的 Agent 大有帮助。

CHAPTER 12

第 12 章 基于 AutoGen 的辅助编程 Agent 应用开发

AutoGen 是由微软、宾夕法尼亚州立大学和华盛顿大学合作研究创建的一个开源智体编程框架，用于构建 AI 智体，并促进多个智体之间的协作以解决用户提出的任务。AutoGen 的开发初衷是简化智体的开发和研究，就像 PyTorch 之于深度学习所起的作用。AutoGen 提供了一些开发智体所必需的功能，例如：能够彼此交互的智体、对各种大语言模型和工具的支持、人机交互的自主工作流程以及对多智体对话模式的支持等。[1]

多智体对话框架，是 AutoGen 的核心功能，通过多个角色的智体，实现专业问题的解决、检索增强对话、成组对话决策、多智体编码、动态分组对话和棋类游戏制作等。在 AutoGen 的文档中包含有大量的例程和讲解。而在实际应用中，这些例程往往依赖于 OpenAI 等大语言模型的服务能力和精心准备的运行环境，通常情况下也没有图形界面可供选择，实践起来有一定困难。本章通过 AutoGen 嵌套对话（Nested Chats）流程，与部署于本地的大语言模型配合，再辅以 Gradio 组件开发的用户 UI，构建一个软件辅助开发应用，使读者可以掌握 AutoGen 多智体交互的开发方法和理念。

12.1 开发要点

- 应用场景：开发多角色会话 Agent，使其通过嵌套会话完成用户设定的任务。
- 大语言模型：方式 1 是选择 GLM-4-9B-Chat，通过 GLM-4 专用服务程序装载和提供 API 服务；方式 2 是选择 llama3:8b-instruct-fp16，通过 Ollama 装载和提供 API 服务。

[1] https://github.com/microsoft/AutoGen。

- 应用部署方式：Agent 应用与 LLM 服务采用同机部署或异机部署。
- 应用访问方式：浏览器访问 WebUI。

12.2 案例场景

使用大语言模型生成的应用程序和 JSON 格式的语料文件，在开发人员的日常工作中用途很广，那么产生的代码和文件究竟质量如何，判断的方法一般有以下几种：一是通过经验来判断；二是把代码运行起来观察结果；三是把结果文本代入大语言模型，让 LLM 来判断生成的效果，当然生成和判断可采用不同的模型交叉检查。本例是将生成与判断质量的过程智能化，通过 AutoGen 开发一种多智体协同的应用，设定多种角色。

我们以软件开发活动中的"编码 – 审核"流程举例，"编程助手"角色依赖大语言模型的能力，根据用户的任务要求生成目标代码或 JSON 文件，"审核人员"角色通过"经验"（由大语言模型结合提示词实现）判断生成质量，把"编程助手"的工作成果代入大语言模型，由它来分析评判给出结论，通过几轮对话，不断提高生成质量。AutoGen 中的嵌套对话与多智体对话、成组对话等不同。其对话场景是以单角色初始化的，但在运行过程中，"编程助手"生成目标文本时，会触发"审核人员"的审核动作，这个"审核人员"角色就可看成"编程助手"角色的嵌套，因为两者并不显式地声明成对等的角色，而是在程序运行中满足一定条件后相互配合与对抗。这样做的目的在于提高智体应用的生成质量，更好地为用户服务。由于运行代码对环境的要求较多，对模型生成文本的质量要求也很高，本例中忽略运行代码这一环节，这对读者理解 AutoGen 嵌套对话流程影响不大。

12.3 关键原理

AutoGen 提供了一个功能完备的多智体对话框架，作为使用基础模型的高级抽象，具有功能强大、可定制和可对话的智体，可集成 LLM、工具和人类反馈。通过在多个设定为具备专业背景能力的智体之间开展自动对话，可以让它们自主决策或在人工干预下集体执行任务，这还包括需要通过代码、使用工具完成的任务。[1]

嵌套对话是多智体对话的一种特殊形式。在 AutoGen 创建的一系列会话中，在

[1] https://microsoft.github.io/autogen/docs/Use-Cases/agent_chat/。

接收到来自发送方智体的消息后，接收方智体执行任务，这允许一个智体使用其他智体作为其“内心独白”来完成任务。

本章的示例是一个智体辅助开发软件的应用场景，用户下达的开发任务交由AutoGen嵌套对话方式完成。参与对话的三个智体，分别是代表人类的user_proxy，进行创作的编程助手programer和进行成果审核的reviewer。其中，与人类直接交互的只有user_proxy，其他两个智体服务于user_proxy，所以这种模式被称为嵌套对话。这三个智体中，user_proxy处于核心地位，负责调度其他两个智体完成任务。programer和reviewer被调用的时机还有区别，programer由user_proxy主动安排任务，而reviewer的输入依赖于programer的输出，所以是在programer向user_proxy提交工作成果时因调用条件被触发而开始工作。嵌套对话不仅仅是一次programer撰写、reviewer审核的简单过程，还包括user_proxy将审核意见再反馈给programer让它继续完善的步骤，详细的过程如图12-1所示。

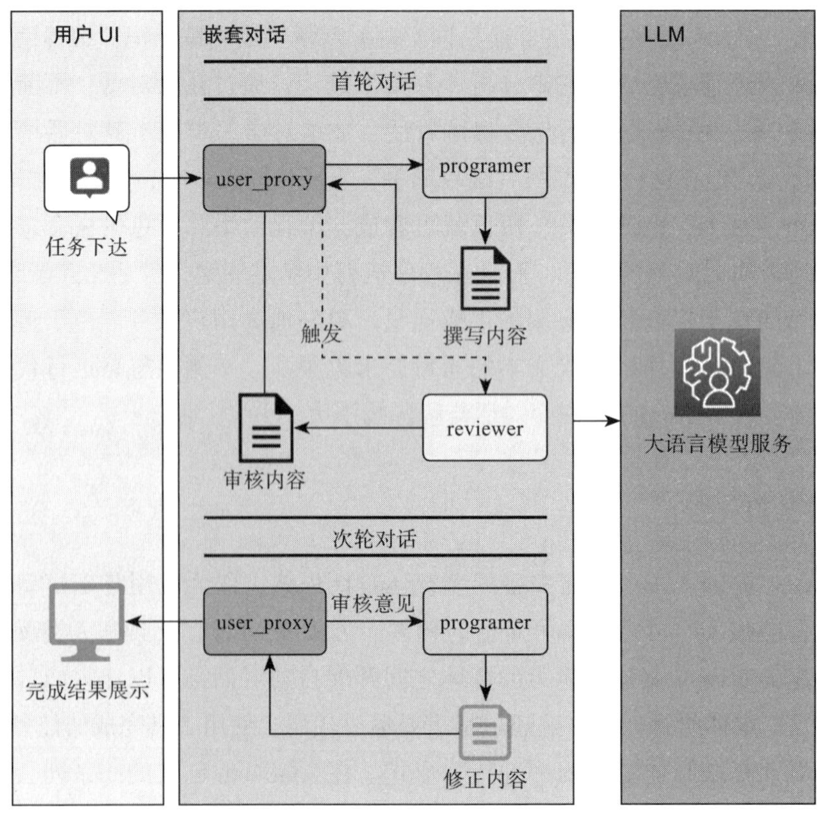

图12-1　嵌套对话工作流程

以下是嵌套对话的几个要点。

（1）人类只与 user_proxy 交互

人类下达任务给 user_proxy，user_proxy 组织其他智体完成任务后向人类汇报任务执行结果。在程序运行中，三个智体工作的详细过程都会在控制台显示。

（2）user_proxy 是智体调度中心

programer 由 user_proxy 以下达任务的方式调用，而 reviewer 是注册到 user_proxy 中待命，当满足工作条件时由 user_proxy 调用。user_proxy 决定将何种消息、在何种时机传送给何种接收方，在何种情况下完成任务并向人类反馈结果。

（3）多轮内容优化机制

以 user_proxy 设定的两轮对话为例，一次任务处理，要涉及 6 次对话，分别是 user_proxy to programer、programer to user_proxy、user_proxy to reviewer、reviewer to user_proxy、user_proxy to programer、programer to user_proxy。如果设定为三轮对话，则 user_proxy 会再组织一次“审核 – 反馈”过程，在原来 6 次的基础上会再增加 4 次对话，分别是 user_proxy to reviewer、reviewer to user_proxy、user_proxy to programer、programer to user_proxy。

（4）大语言模型服务贯穿整个过程

与任务内容相关的撰写、审核过程，都需要调用大语言模型服务。模型的推理能力、结构化内容生成能力，是 user_proxy 完成任务质量的关键。

（5）提示词的设定技巧

与大语言模型交互的 programer 和 reviewer，同为 AutoGen 的 AssistantAgent 对象，是通过提示词被赋予“职责”的。符合常识的角色名、具备的技能、工作的具体任务是提示词的主要组成部分。

12.4　实现过程

12.4.1　环境安装

1. 安装 AutoGen

本例程依赖库较少，只有 AutoGen 和开发用户界面的 Gradio，所以不需要构建 requirements.txt 文件维护依赖关系，只需要创建虚拟环境后，依次安装 pyautogen 和 Gradio 库。

```
# 创建虚拟环境
conda create -n autogen python=3.10 -y
# 激活虚拟环境
conda activate autogen
# 安装依赖库pyautogen
pip install pyautogen==0.2.18 \
-i https://pypi.mirrors.ustc.edu.cn/simple
# 安装依赖库Gradio
pip install Gradio==4.37.2 \
-i https://pypi.mirrors.ustc.edu.cn/simple
```

2. 大语言模型服务安装配置

AutoGen 支持与 OpenAI 接口相兼容的大语言模型 API 服务，且只会调用“/v1/chat/completions”这一个接口。在实践中发现，vLLM 的入参解析与 AutoGen 的发起报文不兼容，而对于 Ollama 装载模型提供的服务，AutoGen 调用起来则没有问题，所以大语言模型可以采用 Ollama 和 GLM-4 专用服务。在模型的选择上，在 GPU 能够支持运行的前提下，尽量选择参数量大、精度高的模型及装载模式，以满足 AutoGen 所要求的规范化文本的要求和完成任务的能力。如果采用 GLM-4 专用服务，则请参考 2.3.3 节，使用 openai_api_server.py 装载 GLM-4-9B-Chat 模型提供服务。如果采用 Ollama，那么操作就更为简单，如选取 llama3:8b-instruct-fp16 提供服务，只需要执行以下操作：

```
ollama run llama3:8b-instruct-fp16
```

GLM-4 也提供了 Ollama 版本，用以下命令运行，但目前的这个量化版本还有一些问题，推理生成的文本规范性还有待提高。

```
ollama run glm4
```

综合起来，在 24GB 内存的 GPU 条件下，使用 GLM-4 专用服务装载 GLM-4-9B-Chat 模型为 AutoGen 提供服务，运行效果最佳；使用 Ollama 装载 llama3:8b-instruct-fp16 提供服务，虽然推理结果的准确性和规范性都没有问题，但缺点在于生成的答案几乎都是英文，运行效果一般；用 Ollama 装载 GLM-4，问题较多，不建议在 AutoGen 中使用。

12.4.2 源代码

样例代码 autogen-sample.py 由依赖库导入、LLM 配置、Agent 初始化、Chat 方

法以及用户 UI 等几个部分组成。

1. 依赖库导入

与 AutoGen 相关的依赖库都由 AutoGen 自行管理依赖关系，所以本例中需要导入的库只有 Autogen 和 Gradio。

```
import autogen
import gradio as gr
```

2. LLM 配置

无论是 OpenAI 接口，还是部署于本地的大语言模型的 OpenAI 兼容接口，配置方法都是相同的。config_list 是一个数组，可以配置多个 LLM 服务。AutoGen 采取的是故障转移的调用方案，优先调用第一个模型，当调用失败则调用后面的模型。AutoGen 还有一种模型筛选的调用方案，应用到一些对模型有特殊要求的场合。[㊀]配置中将 stream 设为“ False”表示 LLM 服务不使用流式生成文本，设为“ True”后虽然从后台能看到流式递进生成过程，但会引发“ NotImplementedError: _num_token_from_messages() is not implemented”异常。

LLM 服务具有缓存机制，由任务文本和提示词组织的 LLM 入参与 LLM 的返回内容，在默认情况下会被 AutoGen 缓存下来。当遇到同样的任务文本时，AutoGen 会直接从缓存中提取 LLM 的返回结果，从而显著提高程序运行的性能。但在实际工作中，由于任务文本过于发散，缓存命中率极低。另外，该机制也影响程序的调试，有可能导致无法及时发现 LLM 服务的问题，所以建议将 cache_seed 设为 None 关闭此特性。

```
config_list = [
    {"model": "glm-4-9b-chat",
     "base_url": "http://server-dev:8000/v1",
     "api_key": "EMPTY",
     "stream": False,
     "cache_seed": None
     }
]
```

3. Agent 初始化

按照场景要求，本例要实例化三个 Agent：user_proxy、programer 和 reviewer。其中 programer 和 reviewer 要定制提示词塑造智体的工作职责：user_proxy 处于核

㊀ https://microsoft.github.io/autogen/docs/topics/llm_configuration。

心调度地位，定义了停止运算的条件；reviewer 通过 user_proxy 的 register_nested_chats 方法注册到 user_proxy 中，触发条件是 programer 工作完成，中间消息的交接由 reflection_message 方法处理。

```
def reflection_message(recipient, messages, sender, config):
    return f"reviewer 对 programer 的工作进行审核。\n\n " \
        f"{recipient.chat_messages_for_summary(sender)[-1]['content']}"

def init_agents():
    programer = autogen.AssistantAgent(
        name="programer",
        llm_config={"config_list": config_list},
        system_message="""
            你是一个优秀的人工智能编程助手。
            能够编写 Python 程序或编写 JSON 格式的文件
        """,
    )

    reviewer = autogen.AssistantAgent(
        name="reviewer",
        llm_config={"config_list": config_list},
        system_message="""
        你是一个软件审核人员，能够阅读 Python 代码和 JSON 结构的文件，
        你的任务是发现代码的问题和检查 JSON 的结构是否合规
        """,
    )

    user_proxy = autogen.UserProxyAgent(
        name="User",
        human_input_mode="NEVER",
        is_termination_msg=lambda x: x.get(
            "content", "").find("TERMINATE") >= 0,
        code_execution_config=False
    )

    user_proxy.register_nested_chats(
        [{"recipient": reviewer, "message": reflection_message,
            "summary_method": "last_msg", "max_turns": 1}],
        trigger=programer,
    )
    return user_proxy, programer

user_proxy, programer = init_agents()
```

4. Chat 方法

chat_with_agent 是一个由用户 UI 调用的方法，完成 Agent 初始化和任务处理结

果向用户 UI 推送的步骤。我们注意到，用户输入的任务会由 query 变量传入 user_proxy.initiate_chat 方法中。此方法的消息接收方只有 programer，而 reviewer 并未显式地出现在对话定义中。

```
def chat_with_agent(query: str, history: list):
    response = user_proxy.initiate_chat(
        recipient=programer, message=query, max_turns=2,
        summary_method="last_msg")
    answer = ""
    for _content in response.chat_history:
        answer = answer + "***\n# To " + _content['role'] + ":\n"
        answer = answer + _content['content'] + "\n"
        yield answer
```

5. 用户 UI

用户 UI 使用 Gradio 组件封装实现，启动后的 UI 服务监听在 6006 端口。

```
def chat_bot():
    chatbot = gr.Chatbot(height=600, label='autogen')
    with gr.Blocks(fill_height=True) as demo:
        gr.ChatInterface(
            fn=chat_with_agent,
            chatbot=chatbot,
            fill_height=True
        )
    return demo

if __name__ == "__main__":
    demo = chat_bot()
    demo.launch(server_name="0.0.0.0", server_port=6006)
```

12.4.3　运行

运行以下命令，在浏览器中访问 http://server-dev:6006，输入以下测试问题验证 AutoGen 嵌套对话的效果，结果如图 12-2、图 12-3 所示。用户 UI 显示的信息来自 user_proxy.initiate_chat 的结果，信息量略少于后台的运行过程输出的日志信息，完整的运算过程可在控制台查看。

```
# 激活虚拟环境
conda activate autogen
# 运行程序
python autogen-sample.py
```

生成格式为：{"instruction":" 指令 ","input":"","output":" 指令的答案 "} 的 10 条人工智能训练集，并进行 JSON 格式校验

图 12-2　AutoGen 嵌套对话撰写环节

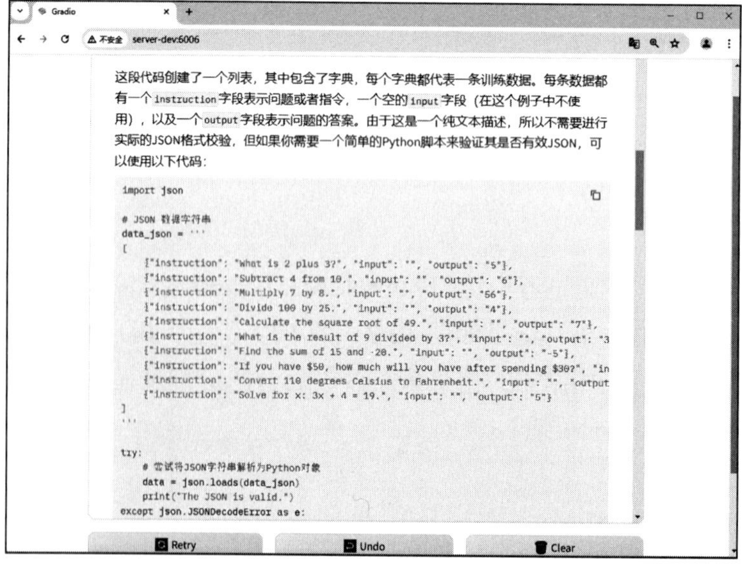

图 12-3　AutoGen 嵌套对话审核与反馈环节

CHAPTER 13

第13章

基于 LlamaIndex 的 RAG Agent 综合应用开发

LlamaIndex 是一个开发大语言模型应用程序的数据应用框架，可以开发结构化数据提取、查询引擎、Chat 引擎、智体应用等方面与数据相关的应用。LlamaIndex 的数据连接器用于引入关系库数据源和多种数据格式的文件，可以处理结构化数据、非结构化数据以及通过 API 调用获取的数据，LlamaIndex 还提供了构建数据索引和图形的方法，以便这些数据可以与大语言模型整合使用。[⊖]

检索增强生成（Retrieval-Augmented Generation，RAG）也是 LlamaIndex 的重要组件，提供对文档的向量化索引和基于语义的检索方法，置于大语言模型服务调用之前，可以用知识库检索、大模型总结的方案提升生成效果。LlamaIndex 的智体组件也很有特色，可以将自定义工具、向量搜索引擎、大语言模型服务有机地结合起来，回答用户提出的问题。本章通过 LlamaIndex 的向量库工具、查询引擎工具、大语言模型服务和智体等组件，开发一个 RAG 和 Agent 整合的应用。

13.1 开发要点

- ❑ 应用场景：开发一个整合 RAG 与 Agent 工具调用的综合性应用。
- ❑ 大语言模型：GLM-4-9B-Chat，通过 GLM-4 专用服务程序装载和提供 API 服务。
- ❑ 向量模型：BAAI/bge-small-en-v1.5。
- ❑ 应用部署方式：Agent 应用与 LLM 服务采用同机部署或异机部署。
- ❑ 应用访问方式：控制台操作。

⊖ https://github.com/run-llama/llama_index。

13.2　案例场景

大语言模型是在大量数据上训练的，但这些数据有时效性，或者重在通用性而非专业性。如果想把自己收集的知识数据用于大语言模型的生成过程中，一般有两个方法可供选择，一个是对模型微调，另一个就是 RAG。在随时更新知识的应用场景中，微调的问题在于算力消耗大、训练周期长、问题命中率低。RAG 则是较好的解决方案，通过将数据添加到大语言模型的提示词准备环节中，将原始问题叠加上从向量库查询到的知识条目，一起交给大语言模型，推理效果会明显优于将原始问题直接交给大语言模型。

Agent 组件作为 LlamaIndex 的自动化工具，能够接受用户输入，通过内部决策、启动配置的工具、调用 LLM 进行总结，最终返回正确的结果。

本章的案例是一个 LlamaIndex 智体应用，这个智体配置了 RAG 查询引擎，能回答用户的问题。在 RAG 中，放置在指定文件夹的文件被应用装载、进行内容切分和建立索引。用户输入的问题由智体引导，从索引中选取最相关的上下文列表，此上下文列表和原始问题被智体组织成提示词传到 LLM，LLM 提供最终的响应。

13.3　关键原理

本例程从数据应用的方面进行划分，可分为生成数据的索引建立过程和使用数据的智体查询过程。数据应用的流程如图 13-1 所示。

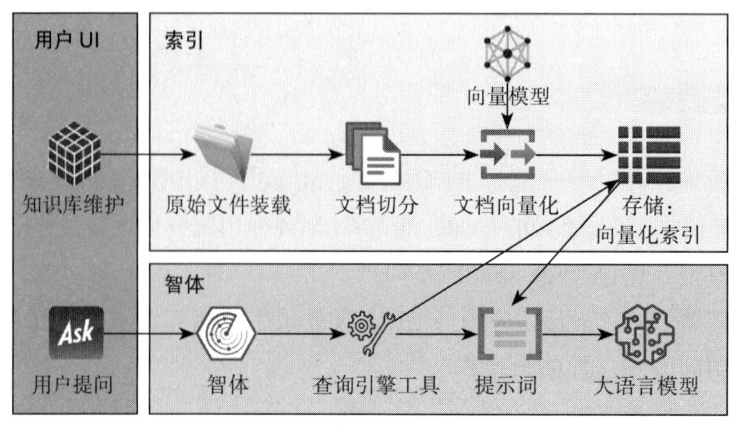

图 13-1　数据应用流程图

13.3.1　索引建立

LlamaIndex 是一个开发框架，用于使用 LLM 构建上下文增强的生成式 AI 应用程序[㊀]。索引（Index）是 LlamaIndex 的精髓。索引是对原始文档的向量化表示，用户提出的问题经向量化后与向量化的索引进行相似度比较，这种语义层面的筛选方法比明文比对获得的结果集更符合使用者的本意。索引的建立分为原始文件装载、文档切分、文档向量化和存储到向量库等步骤。

1. 原始文件装载

LlamaIndex 可以装载和解析常见的文档格式，如 TXT、DOC、Markdown、PDF 等，也可以连接数据库、API 等外部数据源，LlamaIndex 支持的数据来源可从其生态网站 llamahub.ai 查看[㊁]，上百个数据加载器为构建 RAG 应用提供了强大的技术支持。本例程中，数据来自本地文件夹中的文件，使用 SimpleDirectoryReader 将各种类型的文档装载到内存，装入的内容包括原始文档的纯文本信息和文档的原始路径、文件名、修改时间等元数据（Metadata）。

2. 文档切分

在 LlamaIndex 中，原始文件被装载到内存后，被称为“文档”（Document）。原始文档有可能比较大，直接向量化生成索引不易检索命中，所以由原始文档提取的纯文本在存储前一般要进行切分成块。具体操作是将这些文档进一步处理为“节点”（Node），节点是更细粒度的数据实体，携带元数据和与其他节点的关系信息，这有助于构建更加结构化和关系型的索引。

文档切分是 RAG 的重要的步骤，节点块要被切分成得大小适中，太大不利于检索，太小的话会损失语义。LlamaIndex 提供了固定长度分块和语义分块等技术。其中语义分块通过自适应选择断点来进行文本分块，从而确保每个块中的句子在语义上是相关的，分块效果优于固定长度分块。本例程为了简化操作，采用了固定长度分块方法。

3. 文档向量化

LlamaIndex 的 VectorStoreIndex 组件将切分好的文档节点进行向量化生成索引，这个过程中需要用到向量模型。向量模型也称为向量空间模型，是一种在人工智能领域广泛使用的模型，特别是在信息检索和机器学习中。在这个模型中，数据对象

㊀ https://docs.llamaindex.ai/en/latest/。

㊁ https://llamahub.ai/?tab=readers。

（如文档、图像或声音）被表示为向量，向量的每一维对应一个特征。这种表示方式使得我们可以利用向量间的几何关系（如距离和角度）来表示样本之间的相关性。本例中，用到了与 Agent 应用部署到一起的 BAAI/bge-small-en-v1.5 向量模型进行向量化处理。需要注意的是，向量化不仅发生在文档生成索引的环节，还出现在查询环节，对用户的问题也用相同的方法向量化，这样才可以将其与保存到向量库中的向量进行相似度比较。

4. 存储

经过向量化的索引以内存中的变量方式存在。为了便于下次调用，可将索引持久化保存到指定的文件夹内，在使用前再装入内存。

13.3.2　智体查询

文档经装载、切分、向量化、索引保存等步骤后，就具备了语义检索的服务能力，但这只是实现了传统知识库的能力。为了得到更完整、更顺畅的回答，RAG 给出的解决方案是将向量检索与大语言模型相结合，将原始问题与检索结果组成的提示词交由大模型进行总结和润色，用户得到的结果来自向量库的语义检索结果。这既限定了知识的范围，又经大语言模型的处理后增强了可读性。LlamaIndex 的 Agent 组件简化了这个过程的开发工作。在本例中，OpenAIAgent 组件封装了这一个过程，具体的查询动作由索引查询引擎执行，索引查询引擎又被抽象成工具，提供给 OpenAIAgent 调度。OpenAIAgent 还负责将向量库检索结果和原始问题向量化后组装成提示词与大语言模型交互。用户调用 OpenAIAgent 组件的 Chat 方法，通过对话的方式进行知识查询。

13.4　实现过程

13.4.1　环境安装

1. 依赖库安装

本例的依赖库有提供 LlamaIndex 核心功能的 llama_index 和提供向量模型服务的 llama-index-embeddings-huggingface。

```
# 创建虚拟环境
conda create -n llamaindex python=3.10 -y
```

```
# 激活虚拟环境
conda activate llamaindex
# 安装依赖库 llama_index
pip install llama_index==0.10.53 \
-i https://pypi.mirrors.ustc.edu.cn/simple
# 安装依赖库 llama-index-embeddings-huggingface
pip install llama-index-embeddings-huggingface==0.2.2 \
-i https://pypi.mirrors.ustc.edu.cn/simple
```

2. 模型服务安装配置

在本例中，LlamaIndex 需要调用两种模型服务，分别为向量模型服务和大语言模型服务。前者用于对文档和问题的向量化处理，后者用于对查询结果的总结生成。

（1）向量模型

LlamaIndex 的 HuggingFaceEmbedding 组件可以装载本地的向量模型。本例中采用了参数规模较小的 BAAI/bge-small-en-v1.5 向量模型提供服务，使用前需要先下载。

```
# 获取模型下载脚本
wget https://e.aliendao.cn/model_download.py
# 下载 BAAI/bge-small-en-v1.5
# 下载后的模型文件保存在 dataroot/models/BAAI/bge-small-en-v1.5
python model_download.py --e \
--repo_id BAAI/bge-small-en-v1.5 \
--token YPY8KHDQ2NAHQ2SG
```

（2）大语言模型

针对 OpenAI 兼容接口调用，LlamaIndex 提供了两种方案——OpenAILike 和 OpenAI 组件。OpenAILike 是专门用于非 OpenAI 的第三方提供的兼容接口，但在实践中发现，OpenAILike 不支持大语言模型的 Function-calling 特性，无法完成本例的功能要求。而在 LlamaIndex 的官方文档中，OpenAI 只能调用 OpenAI 的接口，经反复尝试，发现设置 api_base 参数，可以变通地调用 OpenAI 兼容接口。

另外需要注意的是，model 参数必须设成 OpenAI 提供的模型之一。在本例中，我们将 model 设置成 gpt-4，虽然在 OpenAI 的客户端层面是通过校验的，但这会要求 LLM 服务不校验模型名称或将模型名称就设置为 gpt-4。vLLM 的入参解析与 LlamaIndex 的发起报文不兼容，而 Ollama 的模型很少支持 Function-calling[⊖]。经过这些前置条件的筛选，在本书中介绍过的大模型服务提供方法中，只能选择 GLM-4 专用服务，参考 2.3.3 节，使用 openai_api_server.py 装载 GLM-4-9B-Chat 模型提供服

⊖ 在此应用中，用 Ollama 装载模型作为 Agent 的 API 服务虽然不报错，但是不执行工具调用方法。

务。这个接口服务本身就不校验客户端传入的 model 参数，且支持 Function-calling。

13.4.2 源代码

样例代码 llamaindex-sample.py 由依赖库导入、LLM 配置、索引管理、工具初始化、Agent 初始化和主函数几个部分组成。

1. 依赖库导入

本例从依赖的库导入的类主要分为以下几个：索引相关类、工具应用类、向量模型操作类、OpenAI 兼容接口调用类和 OpenAIAgent 类。

```
import os
from llama_index.core import (
    SimpleDirectoryReader,
    VectorStoreIndex,
    StorageContext,
    load_index_from_storage,
    Settings
)
from llama_index.core.node_parser import SimpleNodeParser
from llama_index.core.tools import QueryEngineTool, ToolMetadata
from llama_index.embeddings.huggingface import HuggingFaceEmbedding
from llama_index.llms.openai import OpenAI
from llama_index.agent.openai import OpenAIAgent
```

2. LLM 配置

OpenAI 的 model 参数被设置成 gpt-4，以通过开发框架内部检查，api_base 被设为大语言模型服务 URL。Settings 是 LlamaIndex 有别于其开发框架的用法，大语言模型和向量模型变量不由其他组件显式使用，而是被设置到全局 Settings 变量中隐含使用。这让我们编写代码时省掉一个入参，但也容易造成开发者在调试程序时的困惑，使用中需要注意。

```
llm = OpenAI(model="gpt-4",
                api_base="http://server-dev:8000/v1",
                api_key="EMPTY")

Settings.llm = llm
Settings.embed_model = HuggingFaceEmbedding(
    model_name="dataroot/models/BAAI/bge-small-en-v1.5"
)
```

3. 索引管理

build_index 方法装载、解析源文件夹下的所有文件，生成索引后持久保存。为了避免重复生成索引，需要在程序中根据索引文件夹下的文件数量来判断索引是否已存在。VectorStoreIndex 可以装入不经分块的整个文档[1]，但出于细粒度的构建索引和灵活性考虑，文档先由 SimpleNodeParser 以 1024 字节为单位进行切分。为了防止定长切分造成的语义不完整，特意设置了相邻两个块之间的 token[2]重叠数量来缓解。

load_index 方法从 build_index 持久保存的索引文件中将索引装载到内存。为了避免索引文件不存在引发的异常，程序中进行了判断，在索引文件不存在的情况下，此方法返回 None。load_index 的调用者检查返回时发现值为 None 后，会中止程序运行。

```
def build_index(source_path, index_path):
    if len(os.listdir(source_path)) == 0:
        print("文档文件夹为空")
        return False
    if len(os.listdir(index_path)) > 0:
        print("索引已存在")
        return False
    reader = SimpleDirectoryReader(input_dir=source_path)
    documents = reader.load_data()
    parser = SimpleNodeParser.from_defaults(chunk_size=1024,
        chunk_overlap=20)
    nodes = parser.get_nodes_from_documents(documents)
    index = VectorStoreIndex(nodes)
    index.storage_context.persist(persist_dir=index_path)
    return True


def load_index(index_path):
    if not os.path.exists(index_path + "/docstore.json"):
        return None
    storage_context = StorageContext.from_defaults(
        persist_dir=index_path
    )
    return load_index_from_storage(storage_context)
```

4. 工具初始化

QueryEngineTool 是一个集成索引搜索的工具类，similarity_top_k 参数决定了检索结果中的条目数。

```
def init_tool(index):
    engine = index.as_query_engine(similarity_top_k=3)
```

[1] https://docs.llamaindex.ai/en/stable/module_guides/indexing/vector_store_index/。

[2] token 代表大语言模型可以理解和生成的最小意义单位，是模型的基础单元，可以是单词、标点等。

```
    return [
        QueryEngineTool(
            query_engine=engine,
            metadata=ToolMetadata(
                name="文档检索",
                description=(
                    "从本地的文档索引中检索数据"
                    "使用详细的纯文本问题作为工具的输入"
                ),
            ),
        )
    ]
```

5. Agent 初始化

程序设定原始文档放置在 documents 文件夹下，生成的索引文件保存到 indexs 文件夹下，这两个目录如果不存在，就先进行创建。init_agent 实现 Agent 的初始化，依次准备文件夹、建立索引、装载索引、初始化工具，最后以工具为基础，构建 OpenAIAgent 实例。

```
def prepare_folder():
    source_path = "./documents"
    if not os.path.exists(source_path):
        os.makedirs(source_path)
    index_path = "./indexs"
    if not os.path.exists(index_path):
        os.makedirs(index_path)
    return source_path, index_path

def init_agent():
    # 准备文件夹
    source_path, index_path = prepare_folder()
    # 建立索引
    build_index(source_path, index_path)
    # 装载索引
    index = load_index(index_path)
    if index is None:
        return None
    # 初始化工具
    query_engine_tool = init_tool(index)
    # 初始化 Agent
    agent = OpenAIAgent.from_tools(query_engine_tool, verbose=True)
    return agent
```

6. 主函数

主函数中初始化一个 Agent 实例，使用 Agent 的 chat 方法从向量库中检索，增强生成答案。

```
if __name__ == "__main__":
    agent = init_agent()
    if agent is None:
        print(" 索引装载失败 ")
        exit()
    response = agent.chat(" 检索 LlamaIndex")
    print(response)
```

13.4.3 运行

在 llamaindex-sample.py 同级目录下建一个 documents 文件夹，放一些用于检索的原始文档。运行以下命令，假如原始文档中包含 LlamaIndex 的相关知识，llamaindex-sample.py 运行的结果中会给出以“检索 LlamaIndex”为条件的向量库检索过程和 LLM 生成结果，见图 13-2。如果输入的条件未命中向量库，则 Agent 会按原始问题直接从大语言模型获得答案。

```
# 激活虚拟环境
conda activate llamaindex
# 运行程序
python llamaindex-sample.py
```

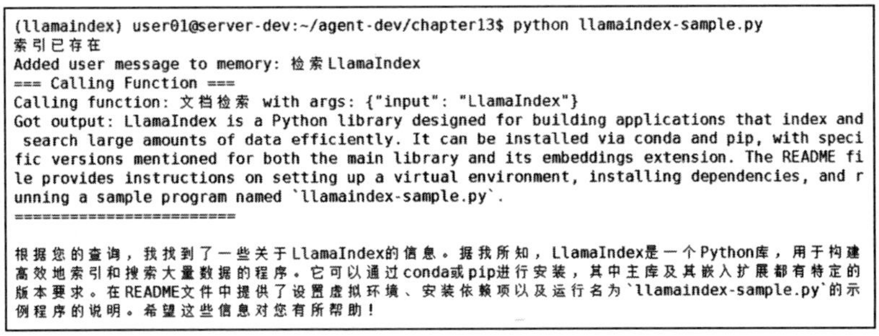

```
(llamaindex) user01@server-dev:~/agent-dev/chapter13$ python llamaindex-sample.py
索引已存在
Added user message to memory: 检索LlamaIndex
=== Calling Function ===
Calling function: 文档检索 with args: {"input": "LlamaIndex"}
Got output: LlamaIndex is a Python library designed for building applications that index and
 search large amounts of data efficiently. It can be installed via conda and pip, with speci
fic versions mentioned for both the main library and its embeddings extension. The README fi
le provides instructions on setting up a virtual environment, installing dependencies, and r
unning a sample program named `llamaindex-sample.py`.
========================

根据您的查询，我找到了一些关于LlamaIndex的信息。据我所知，LlamaIndex是一个Python库，用于构建
高效地索引和搜索大量数据的程序。它可以通过conda或pip进行安装，其中主库及其嵌入扩展都有特定的
版本要求。在README文件中提供了设置虚拟环境、安装依赖项以及运行名为`llamaindex-sample.py`的示
例程序的说明。希望这些信息对您有所帮助！
```

图 13-2　LlamaIndex 检索增强生成的运行情况

CHAPTER 14

第 14 章

基于 CrewAI 的多角色 Agent 应用开发

CrewAI 是一个用于编排角色扮演、自主决策的智体开发框架。通过人工智能的协作迭代，CrewAI 使得智体间能够相互配合，处理复杂的任务。CrewAI 让 Agent 扮演角色、共享用户设定的目标，并在一个有凝聚力的单元中运作——就像一个运转良好的船员团队一样。无论是在构建智能助手平台、自动化客户服务还是多智体研究团队，CrewAI 都能为复杂的多智体交互提供重要支持。[⊖]

CrewAI 的多角色设计理念，可以实现一些职责分离的智体。这些智体具备角色名称、工作目标和相关背景知识，在运行过程中执行任务，做出决策，与其他智体通信以共同完成用户设定的目标任务。本章开发一个基于 CrewAI 的智体应用，规划了两个角色：系统分析师和系统设计师。前者侧重于分析用户的需求，后者负责撰写详细的文档，完成用户输入的任务。本章的例程是一个 Agent 技术综合体，包括 LLM、Agent、ReAct 机制、流式输出以及 WebUI。读者通过对本例的学习，可以掌握角色扮演类智体应用的开发方法，也可对前面所学的知识进行回顾、复习，从而加深印象。

14.1 开发要点

- ❑ 应用场景：开发角色扮演类 Agent，使其通过相互会话完成用户设定的任务。
- ❑ 大语言模型：方式 1 是选择 llama3:8b-instruct-fp16，通过 Ollama 装载和提供 API 服务；方式 2 是选择 GLM-4-9B-Chat，通过 GLM-4 专用服务程序装

⊖ https://github.com/crewAIInc/crewAI。

载和提供 API 服务；方式 3 是选择 GLM-4-9B-Chat，通过 vLLM 装载和提供 API 服务。

- 应用部署方式：Agent 应用与 LLM 服务采用同机部署或异机部署。
- 应用访问方式：浏览器访问 WebUI。

14.2 案例场景

大语言模型 Chat 应用通过多轮问答解决用户的问题，任务驱动型 Agent 应用以任务分解、执行、反馈的方法响应用户的需求，而角色扮演类 Agent 应用采取模拟人类现实生活的理念，结合“思考 – 行动 – 观察”的微观步骤，完成用户提出的任务目标。本例程是一个角色扮演类智体应用。设定“系统分析师”和“系统设计师”这两个通用型角色，是为了处理通用的设计流程，如软件设计、工业设计等。用户输入的问题，由两种角色协作执行两项任务，执行的中间过程以流式会话通知用户。当所有迭代完成时，应用向用户提交最终的文本生成结果。

除了学习“人格化”的业务流程设计理念外，通过本案例，读者还能学到 CrewAI 的一些关键特性以及效果：

- 基于角色的 Agent 设计：使用特定角色、目标、背景知识自定义 Agent。
- 自主 Agent 间委派：Agent 之间可以自主委派任务并相互查询，提高解决问题的效率。
- 流程驱动：角色和任务被整合到一个单元中，在 Crew 对象的过程控制下，一起协作完成用户的任务。
- 使用本地模型：除了可以使用 OpenAI 接口外，CrewAI 可以调用部署于本地的开源模型，支持 Ollama 和 vLLM 以及其他与 OpenAI 接口兼容的大语言模型服务。

14.3 关键原理

14.3.1 应用架构

本例程序由用户 UI、Crew 对象和大语言模型服务组成，架构如图 14-1 所示。

用户 UI 接收用户的输入、显示 CrewAI 应用推送的运算结果。大语言模型服务是 CrewAI 应用文本生成的服务底座，负责针对由 Agent 执行的具体 Task，推理生成目标文本。Crew 对象是 CrewAI 应用中的核心流程，由代表多个角色的 Agent、通过 Agent 执行任务的 Task 以及协调任务执行的 Process 组成。Crew 对象组织多个 Agent 运行多个 Task，而且要经过多次迭代，耗时比较长。为了避免用户长时间卡顿式地等待，在 Agent 中设置了回调机制，Agent 在运行过程中得到的中间结果可以推送至用户 UI 端。

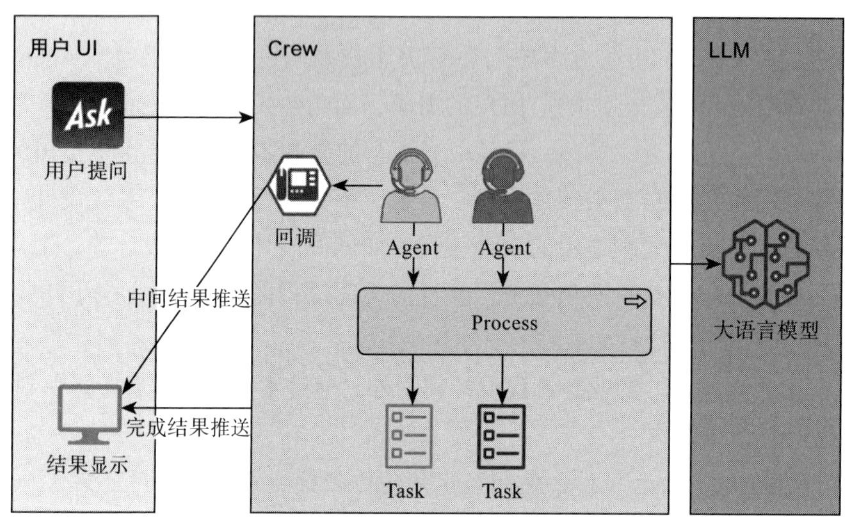

图 14-1　CrewAI 多角色应用架构

14.3.2　主要组件

1. Crew

CrewAI 应用中的 Crew 代表一组协作的 Agent，这些 Agent 共同完成一组任务。每个 Crew 都定义了任务执行、Agent 协作和整体工作进程的策略，通过 kickoff、kickoff_async 等方法启动工作流程。kickoff 方法的命名来自软件项目管理中的“Kick Off 会议”，指的是在项目规划完成后进行的“开工大会”，用于 CrewAI 应用显得非常贴切。

2. Agent

Agent 是一个有自主决策能力的运行实体，可以执行任务、自主做出决定和通过委派机制与其他 Agent 协作。Agent 可以被塑造成不同的角色，如“研究员”“作家”“程序设计师”等，每个角色都为 Crew 的总体目标作出贡献。Agent 有两个角色职责相关的属性，分别是代表进行特定工作的目标（goal）和具有特定技能的背景知识（backstory）。将由这两个属性形成的提示词代入大语言模型进行文本生成，为 Agent 提供基础服务能力。Agent 的回调方法是用户 UI 端渐进式地获取 Crew 运算结果的重要途径。

3. Task

在 CrewAI 开发框架中，Task 是由 Agent 完成的特定任务，与用户输入的目标任务并不是一个概念，Task 包含更详细的上下文信息，如任务描述、所属的 Agent、调用的工具和期待的执行结果等。CrewAI 中的 Task 可以由多个 Agent 协同完成，执行的顺序由 Crew 对象中的 Process 进行编排。

4. Process

在 CrewAI 应用中，Process 协调 Agent 执行任务，通过与项目管理类似的方法，通过预定义的策略，组织任务按照 Crew 对象的任务列表中顺序执行，并且将一个任务的输出作为下一个任务的输入。

14.3.3 流式会话实现原理

在 Python 中，可通过 yield 关键字多次分批地返回服务运行的结果，以这种方式实现服务端主动向客户端推送信息的流式会话。Crew 对象的 kickoff 方法是一个同步方法，它的返回值只有在方法执行完成后才能获得。为了得到 CrewAI 应用的执行进度，需要使用 Agent 的回调函数获取任务执行的中间结果。但这个由回调产生的中间结果如何返回给用户 UI，又成了一个棘手的问题，因为这中间跨越了很多线程。由图 14-2 可知 CrewAI 流式会话的实现过程：

①“主线程”调起 Gradio 组件，控制权交给用户 UI。

② Gradio 组件设定回调方法，这个方法会出现在一个新的线程——Gradio 回调线程中执行。

③如果 Gradio 回调线程初始化 Crew 及相关对象，然后调用 Crew 对象的 kickoff 方法等待返回，则此线程阻塞，用户 UI 将失去响应。所以，本例采用的办法是新起 Crew 异步处理线程来调用 Crew 相关操作，然后循环等待由 Agent 回调写入队列的数据，推送回 Gradio 回调线程的办法。

④ Agent 回调方法本身又在一个新的线程中执行，中间的线程跨度太大，比较可行的数据交换方法是队列。

⑤为了简化 Gradio 回调线程增量获取信息的过程，将队列定义、Crew 及相关对象的操作、新起 Crew 异步处理线程、定时从队列取数据向 Gradio 回调线程推送信息封装到一个生成器（Generator）中。在这个生成器中可以用 yield 向调用者推送信息，调用者只需要循环地从生成器中获取数据即可。

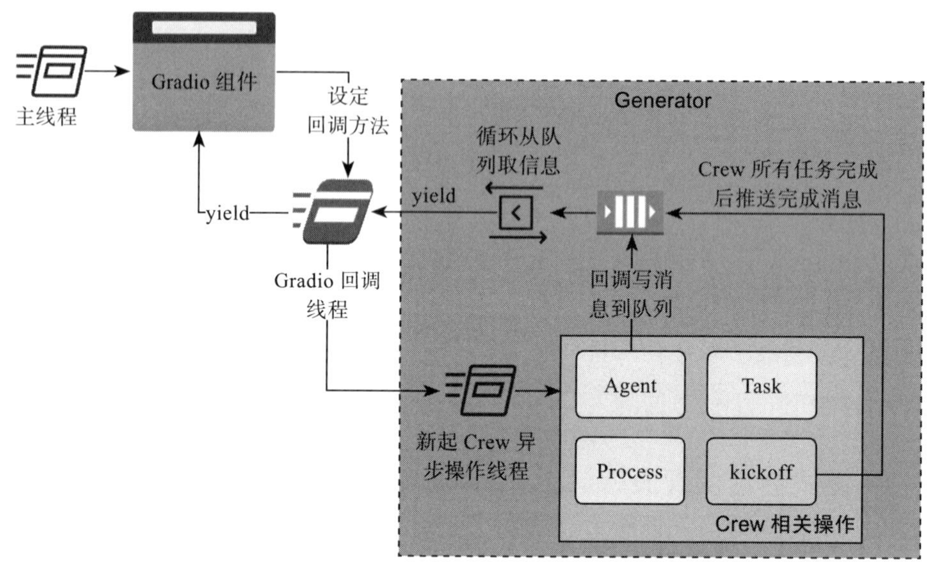

图 14-2 CrewAI 流式会话实现流程

14.4 实现过程

14.4.1 环境安装

1. 依赖库安装

本例的依赖库有提供核心功能的 CrewAI 库和开发用户 UI 的 Gradio 库。

```
# 创建虚拟环境
conda create -n crewai python=3.10 -y
# 激活虚拟环境
conda activate crewai
# 安装 CrewAI 库
pip install crewai==0.36.0 \
-i https://pypi.mirrors.ustc.edu.cn/simple
# 安装 Gradio 库
pip install gradio==4.37.2 \
-i https://pypi.mirrors.ustc.edu.cn/simple
```

2. 大语言模型服务安装配置

CrewAI 应用可以调用与 OpenAI 接口兼容的大语言模型 API 服务，且只会调用“/v1/chat/completions”这一个接口。所以，可以采用 2.3.3 节的方法装载 GLM-4-9B-Chat 模型，也可以使用 vLLM 装载模型，此外，使用 Ollama 也可以正常调用。其中最简单的方法是 Ollama，可选用 llama3:8b-instruct-fp16 和 GLM-4 模型的其中一种，命令如下：

```
# 启用 llama3:8b-instruct-fp16 模型服务
ollama run llama3:8b-instruct-fp16
# 启用 GLM-4 模型服务
ollama run glm4
```

采用 Ollama 装载模型提供服务的方式精度较低，应用效果一般，适合快速配置和测试程序。如果需要较好的运行效果，则建议采用 2.3.3 节的方法。

14.4.2　源代码

例样代码 crewai-sample.py 由依赖库导入、LLM 配置、CrewAI 应用生成器和用户 UI 这几个部分组成。

1. 依赖库导入

本例主要用到 CrewAI 相关的类，如 Agent、Task、Crew 和 Process 等，引入了 LangChain 的 AgentAction 处理 Agent 回调入参的解析，以及为了解决多线程下的中间结果向用户 UI 推送的问题，引入了生成器、线程、队列等类，另外就是使用 Gradio 实现用户 UI。

```
import os
from crewai import Agent, Task, Crew, Process
from langchain_core.agents import AgentAction
from typing import Generator
from queue import Queue
from threading import Thread
from time import sleep
import gradio as gr
```

2. LLM 配置

CrewAI 应用采用全局环境变量的方式设置 LLM 参数：

```
os.environ["OPENAI_API_BASE"] = "http://server-dev:8000/v1"
os.environ["OPENAI_MODEL_NAME"] = "glm-4-9b-chat"
```

```
os.environ["OPENAI_API_KEY"] = "EMPTY"
```

3. CrewAI 应用生成器

CrewAI 应用生成器被封装到名为 stream_chat 的生成器函数中，由队列定义、Agent 回调函数、Crew 对象初始化、开始任务和向调用者推送信息等部分组成。

（1）队列定义

首先，定义 stream_chat 生成器函数，然后定义一个队列，并定义一个名为 job_done 的对象，用于 Crew 任务执行完成后向队列中推送结束标志。

```
def stream_chat(query: str) -> Generator:
    q = Queue()
    job_done = object()
```

（2）Agent 回调函数

agent_step_callback 方法是 Agent 的回调，由于 Agent 的职责不同、执行环节不同，回调函数返回的数据格式并不固定，我们只处理 AgentAction 类型的入参，将其解析后写入队列。需要注意的是，agent_step_callback 是 stream_chat 生成器函数里的方法，这一行代码是与上一句"job_done = object()"对齐的，stream_chat 里的其他方法也是如此。

```
def agent_step_callback(step_output):
    for step in step_output:
        if isinstance(step, tuple) and len(step) == 2:
            if isinstance(step[0], AgentAction):
                if not step[0].tool == "_Exception":
                    q.put("## " + step[0].tool)
                    q.put("### 执行过程 ")
                    q.put(step[0].log)
                    q.put("### 执行结果 ")
                    q.put(step[1])
```

（3）Crew 对象初始化

Crew 对象初始化方法是整个应用的业务核心。首先在 init_Crew 中定义了系统分析师和系统设计师两个不同角色的 Agent，也定义了两个与 Agent 相关的 Task，最后由 Crew 对象将 Agent、Task、Process 进行整合，并设定迭代次数。

```
def init_Crew():
    Systems_Analyst = Agent(
        role=" 系统分析师 ",
        goal=" 按照用户提出的任务，进行需求分析，撰写系统需求报告 ",
```

```
        backstory=""" 你在一家专业设计企业工作。
            你的专长在于掌握各种专业系统分析的原则。
            你具有需求分析、任务分解等技能。""",
        verbose=False,
        allow_delegation=True,
        step_callback=agent_step_callback,
    )

    Designer = Agent(
        role=" 系统设计师 ",
        goal=" 按照系统分析师的系统需求报告，撰写系统详细设计说明书 ",
        backstory=""" 你在一家专业设计企业工作。
            你的专长在于掌握各种专业系统的设计原则。
            你具有系统模块设计、数据计算、公式推导等技能。""",
        verbose=False,
        allow_delegation=True,
        step_callback=agent_step_callback,
    )

    Systems_Analyst_task = Task(
        description=query,
        expected_output=" 系统需求报告，OUT IN CHINESE",
        agent=Systems_Analyst,
    )

    Designer_task = Task(
        description=query,
        expected_output=" 系统详细设计说明书，OUT IN CHINESE",
        agent=Designer,
    )

    crew = Crew(
        agents=[Systems_Analyst, Designer],
        tasks=[Systems_Analyst_task, Designer_task],
        verbose=1,
        process=Process.sequential,
        max_iter=5,
    )
    return crew
```

（4）开始任务

start_Task 方法实现调用 Crew 对象初始化，启动任务。随着迭代的次数不断增加，传给 LLM 的提示词将越来越长，有可能超过 LLM 的上下文输入长度限制，导致 CrewAI 应用在运行中出现 HTTP 状态为 400 的错误，所以加上了异常处理机制，防止程序中断运行。在 Crew 对象的 kickoff 方法执行完成后，整个任务完成，这时向队列中推送完成标志 job_done。

start_Task 方法在一个新开启的线程中执行。

```
def start_Task():
    crew = init_Crew()
    try:
        result = crew.kickoff()
        q.put("## 完成结果 ")
        q.put(result)
    except Exception as e:
        q.put("## 系统发生异常 ")
        q.put(str(e))
        pass
    q.put(job_done)

t = Thread(target=start_Task)
t.start()
```

（5）向调用者推送信息

任务执行线程开启后，等待 1s，为 Crew 及相关对象的初始化留出时间，防止直接进入 while 循环导致线程异常中止。在 while 循环中，每隔 1s 从队列中取一次数据，直到遇到 job_done 后中断循环，或遇到“CTRL + C”的键盘中断命令后中止整个程序的运行。

```
sleep(1)
content = ""
while True:
    try:
        next_token = q.get(True, timeout=1)
        if next_token is job_done:
            break
        content += "\n" + next_token
        yield next_token, content
    except KeyboardInterrupt:
        exit()
    except:
        continue
```

4. 用户 UI

用户 UI 使用 Gradio 组件实现，通过回调函数与 stream_chat 生成器函数交互。

```
def ask_from_crew(query: str, history: list):
    for next_token, content in stream_chat(query):
        yield (content)
```

```python
def chat_bot():
    chatbot = gr.Chatbot(height=600, label="crewAI")
    with gr.Blocks(fill_height=True) as demo:
        gr.ChatInterface(
            fn=ask_from_crew,
            chatbot=chatbot,
            fill_height=True)
    return demo

if __name__ == "__main__":
    demo = chat_bot()
    demo.launch(server_name="0.0.0.0", server_port=6006)
```

14.4.3　运行

运行以下命令开启 CrewAI 应用服务，然后在浏览器中访问 http://server-dev:6006/，输入任务，点击“Submit”按钮，结果如图 14-3 所示。

```
# 激活虚拟环境
conda activate crewai
# 运行程序
python crewai-sample.py
```

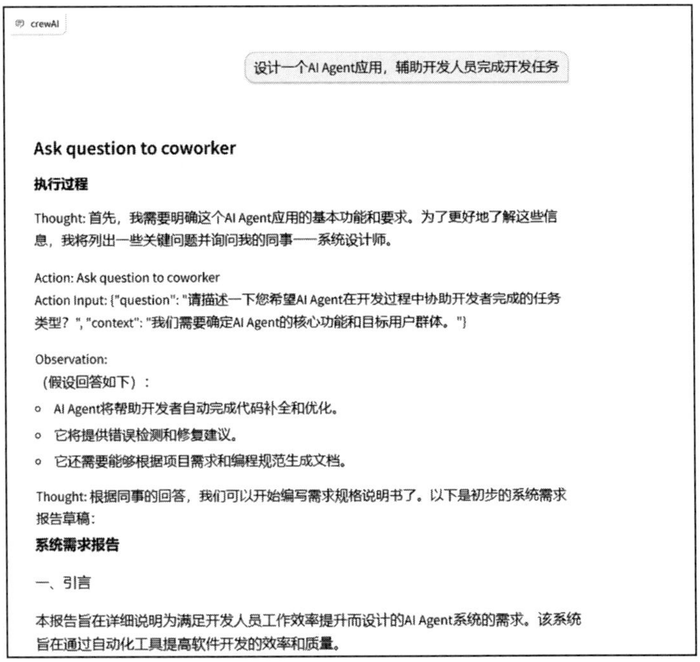

图 14-3　CrewAI 应用运行结果

二、总体需求

1. 目标用户：软件开发人员。

2. 主要功能：

- 自动代码补全与优化。
- 错误检测及修复建议。
- 依据项目需求与编程规范生成技术文档。

三、具体需求

1. 功能性需求：

- 用户界面：提供一个直观易用的图形用户界面供开发者使用。
- 交互式提示：当开发者输入部分代码时，AI Agent能智能地给出可能的完整或优化后的代码片段。
- 实时反馈：对用户的代码进行实时检查，并提出改进建议。
- 文档生成：根据项目需求和编程规范，自动生成相应的技术文档。

2. 非功能性需求：

图 14-3　CrewAI 应用运行结果（续）

CHAPTER 15

第 15 章 基于 Qwen-Agent 的多智体图像应用开发

Qwen-Agent 是基于 Qwen2 相关技术构建的智体框架和应用程序，包括工具调用、代码解释器、RAG 和 Chrome 扩展等组件，由阿里巴巴开发。开发者可充分利用通义千问模型（Qwen）的指令遵循[㊀]、工具使用、规划、记忆能力，基于 Qwen-Agent 框架开发 Agent 应用。[㊁]Qwen-Agent 支持接入阿里云 DashScope 服务提供的 Qwen 模型服务，也支持通过 OpenAI 兼容 API 方式接入部署于本地的开源 Qwen 模型服务，如使用 Ollama 装载 Qwen2 模型提供的 API 服务。

使用 Qwen-Agent 理解图片，并依据其解析出来的文本进行二次加工或生成新的内容，是 Qwen-Agent 的一大特色。比如，在 Qwen-Agent 官方的示例程序 visual_storytelling.py[㊂]中，通过 image_agent 和 writing_agent 两个智体的配合，可以理解用户 UI 传入的图片，按图片的内容撰写一篇记叙文。受此思路启发，本章开发一个解决数学问题的应用，用户输入的图片中包含方程或方程组，该应用会识别出图片上的文本，并求解方程，给出解题过程和答案。

15.1 开发要点

- 应用场景：开发多智体应用，使其与多模态大语言模型配合，完成数学问题解答。

㊀ Instruction-Following，大语言模型按给定指令生成回复的能力，参见“Instruction-Following Evaluation for Large Language Models”，https://arxiv.org/abs/2311.07911。

㊁ https://github.com/QwenLM/Qwen-Agent。

㊂ https://github.com/QwenLM/Qwen-Agent/blob/main/examples/visual_storytelling.py。

- 大语言模型：Qwen-VL-Chat，通过 Qwen-VL 专用服务程序装载和提供 API 服务。
- 应用部署方式：Agent 应用与 LLM 服务采用同机部署。
- 应用访问方式：浏览器访问 WebUI。

15.2 案例场景

“拍图解题”是很多教学 App 的重要功能，一般会用到 OCR、知识库查询、文本比对、大语言模型推理生成等技术，本案例另辟蹊径，采用 Qwen-VL 视觉语言模型，实现对图片的理解和文本的识别，Qwen-Agent 则作为应用识图、解题等步骤的流程组织工具。经过对这些技术的综合应用，实现以下功能：

- 用户通过 WebUI 上传包含方程或方程组的图片，这些图片与用户要求模型对图片进行文本识别的指令一起交给应用中负责处理图片的 Agent。
- 此图片识别 Agent 调用 Qwen-VL 模型，理解图片的内容，解析出图片中的文本，然后交给应用中负责解决数学问题的 Agent。
- 这个数学计算 Agent 针对此文本的问题，再次调用 Qwen-VL 模型，推理求解方程，得到解题思路和答案。

本例中，涉及大语言模型推理运算的有图片处理和文本推理两个技术环节，出于实验环境中的算力考虑，在讲解中统一采用了 Qwen-VL 模型。Qwen-VL 模型的专长是图片理解，在解答数学问题方面并不擅长，不过由于 Qwen-VL 要用到约 19GB 的 GPU 内存，如果读者只有一块 24GB 内存的推理卡，则无法装载数学能力更强的模型。Qwen-VL 的底座模型是 Qwen-7B，其数学能力不如 Qwen2。从 Qwen 系列模型的演化来看，Qwen-7B 是第一代、Qwen1.5 是第二代，Qwen2 已是第三代。从 Qwen2 在 Github 的主页介绍来看，Qwen2 较于 Qwen1.5，显著提高了编程和数学方面的表现。[⊖]所以，如果有足够的算力资源，读者也可以尝试使用两种模型实践本例，即图片处理的 Agent 使用 Qwen-VL 视觉语言模型，文本推理的 Agent 使用数学能力更强的 Qwen2，配置方法将在实现过程的讲解中给出。

⊖ https://github.com/QwenLM/Qwen2。

15.3 关键原理

15.3.1 应用架构

本例的应用架构分为三层，如图 15-1 所示。第一层是浏览器端，它是由应用服务端的 Gradio 组件实现的。第二层是由 qwen-agent-sample.py 实现的应用服务端，主要实现用户 UI 的服务和使用 Qwen-Agent 实现的业务流程。第三层是由 qwenvl-openai-api.py 实现的 Qwen-VL 模型服务，为 image_agent 和 math_agent 两种 Agent 提供图片和文本推理服务。

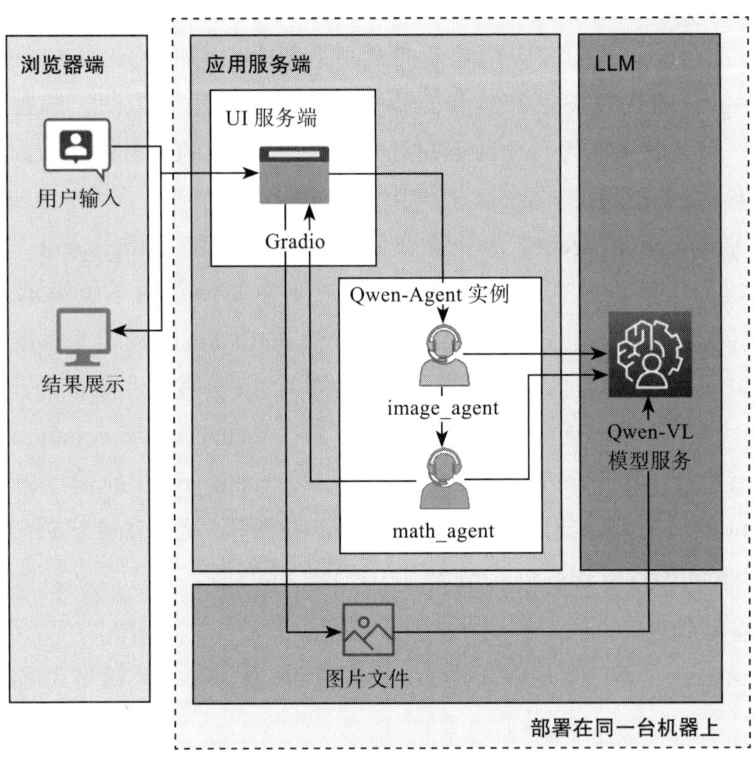

图 15-1　Qwen-Agent 图像应用架构

从应用的部署方面来看，与本书其他 Agent 应用与大语言模型可以分离部署的方式不同，本例中这两部分必须部署在同一台机器上的，这是为了解决图片文件的使用问题。由图 15-1 可知，图片从客户端浏览器上传，这个过程是由 Gradio 组件实现的。以 Linux 系统为例，Gradio 组件接收到的图片文件被存放到“/tmp/gradio/”的一个子目录下，如果将大语言模型与应用服务分到两台机器上部署，而 image_ agent 调用 LLM 服务器，那就需要想办法将图片文件上传到 LLM 服务所在的机器上。事实上，Qwen-Agent 实现了这种技术方案。如果将 Agent 的 LLM 服务设置成 qwen-max 这样的在线云服务，图片文件会被上传而被模型读取。但在本例中，我们调用的是运行在本地的 Qwen-VL 模型，无法使用这一特性，所以比较简便的办法就是将应用服务与 LLM 服务同机部署，LLM 直接用处于“ /tmp/gradio/”子目录下的同一个图片文件，省略上传到模型服务端的过程。

15.3.2 关键技术

1. Qwen-Agent 应用服务

基于 Qwen-Agent 的图像应用的业务核心是图 15-1 中的 Qwen-Agent 应用服务。由于 Qwen-Agent 的良好抽象和封装的特性，本例这个用于识图、解题已算是比较复杂的应用，但其应用端代码总共不超过 70 行。该应用的业务逻辑被封装在一个名为 Visual_solve_equations 的 Agent 子类中，在这个类中定义了两个 Agent，一个是用于图片识别的 image_agent，另一个是用于数学计算的 math_agent。image_agent 的任务是明确的，就是识别图中的文字，所以不需要特别的系统提示词（system_message），而数学计算问题则较为宽泛，所以为 math_agent 设定了系统提示词“你扮演一个学生，参考你学过的数学知识进行计算”，以说明其专业背景，参与大语言模型的推理。在用户输入任务文本和上传图片后，Visual_solve_equations 开始运行。这两个 Agent 串行执行，image_agent 的输出作为 math_agent 的输入，image_agent 和 math_agent 的输出都以流的方式推送给 Gradio 组件。这样在客户端浏览器中就可看到 Qwen-Agent 图像应用递进式地识图和解题的全过程。

2. 图片参数传递

在 Qwen-Agent 的默认实现中，传给大语言模型的图片和文本被格式化成以下结构：

```
(上传了 ![图片](test1.png))
空行
文本消息参数 ... ...
```

如果本例使用的是 qwen-max 之类的在线模型服务，因为图片有其他的技术手段上传并通知模型服务对图片进行访问，所以这样的结构没有问题，“ test1.png”只是文本消息参数的补充，与图片的存取无关。但本例中用的是本地的 Qwen-VL 模型服务，只有文件名的图片文件，即使应用服务与 LLM 服务同机部署，LLM 服务也无法猜测出“test1.png”究竟在“/tmp/gradio/”的哪个子目录下，不能正常推理。所以，本例中对 Agent 传给 LLM 服务的文本消息进行了改造，从原来的“文本消息参数……”扩展为下面的格式，从而将图片的全路径一起传给 LLM。对应的 LLM 服务接收参数的地方，也要按此消息格式进行修改，才能正常获取文本消息参数，以及从指定的路径下装载图片文件。

```
[
    {"text": "文本消息参数 ... ..."},
    {"image": "图片文件全路径"}
]
```

3. LLM 服务实现

Qwen-VL 的官网中提供了 OpenAI 兼容 API 的实现[⊖]，但这个实现不支持 Qwen-Agent 要求的流式推理（准确地说，是本来支持，但由于某种原因，开发者将流式推理的代码进行了注释处理，使其暂不支持）。为了解决这个问题，笔者对 openai_api.py 进行了修改，放开了几处与流相关的注释，命名为 qwenvl-openai-api.py，使其与 Qwen-Agent 应用配合使用该代码经反复测试未发现问题。

为了解决图片文件的装载问题，笔者对提供 LLM 服务的 qwenvl-openai-api.py 中“/v1/chat/completions”接口的参数解析进行了修改，在解析入参时，如遇到包含“上传了”字样的文本，则说明这是多模态请求，要将文本中包含 text 和 image 节点的 JSON 格式文本截取出来重新生成 LLM 的提示词入参。具体来说，在这行代码之后：

```
query, history = parse_messages(request.messages, request.functions)
增加以下内容:
    print("=========query===========")
    if '上传了' in query:
        start_index = query.find('[{')
        end_index = query.rfind('}]') + 2
        query = query[start_index:end_index].strip()
        query = query.replace("'", '"')
        query = tokenizer.from_list_format(json.loads(query))
    print(query)
    print("========================")
```

qwenvl-openai-api.py 的完整代码在本书的配套资源中提供，参见 https://github.com/little51/agent-dev/blob/main/chapter15/qwenvl-openai-api.py，调试程序时可以下载使用。

⊖ https://github.com/QwenLM/Qwen-VL/blob/master/openai_api.py。

15.4 实现过程

15.4.1 环境安装

基于图片文件交互机制的原因，Qwen-VL 服务和 Qwen-Agent 应用服务要安装在同一台主机上，但这两个服务的职责不同，依赖库也不相同。为了减少库之间的冲突，分别建立虚拟环境进行依赖库管理。

1. Qwen-VL 服务安装配置

提供 Qwen-VL 模型的 OpenAI 兼容 API 服务的代码 qwenvl-openai-api.py 和依赖库声明文件都在本书配套的代码库中，使用前需要下载到本地。另外，Qwen-VL-Chat 模型可以从 aliendao.cn 网站下载。需要特别注意的是，配置 API 服务执行推理任务时，需要使用 Qwen-VL 的 Chat 微调模型 Qwen-VL-Chat，而非预训练模型 Qwen-VL 模型，否则会在推理时报以下错误：

```
我们检测到你可能在使用预训练模型（而非 chat 模型）进行多轮 chat，因为你当前在 generation_config 指定的 chat_format，并未设置为我们在对话中所支持的 "chatml" 格式。如果你在直接使用我们从 Huggingface 提供的模型，请确保你在调用 model.chat() 时，使用的是 "Qwen/Qwen-7B-Chat" 模型（而非 "Qwen/Qwen-7B" 预训练模型）。
```

安装配置的全过程如下：

```
# 1. 获取服务代码
git clone https://github.com/little51/agent-dev
# 切换到源码目录
cd agent-dev/chapter15
# 2. 创建虚拟环境
conda create -n qwen-vl python=3.10 -y
# 3. 激活虚拟环境
conda activate qwen-vl
# 4. 安装依赖库
pip install -r requirements-openai-api.txt \
-i https://pypi.mirrors.ustc.edu.cn/simple
# 5. 下载 Qwen-VL-Chat 模型
#（1）获取模型下载脚本
wget https://e.aliendao.cn/model_download.py
#（2）下载模型到 dataroot/models/Qwen/Qwen-VL-Chat
python model_download.py --e --repo_id Qwen/Qwen-VL-Chat \
--token YPY8KHDQ2NAHQ2SG
# 6. 运行 Qwen-VL 服务 \
CUDA_VISIBLE_DEVICES=0 python qwenvl-openai-api.py \
-c dataroot/models/Qwen/Qwen-VL-Chat \
--server-name 0.0.0.0
```

LLM 服务程序装载位于 dataroot/models/Qwen/Qwen-VL-Chat 的模型文件，在 8000 端口上提供 API 服务。运行的结果如图 15-2 所示。

```
(qwen-vl) user01@server-dev:~/agent-dev/chapter15$ CUDA_VISIBLE_DEVICES=0 python qwenvl-open
ai-api.py \
-c dataroot/models/Qwen/Qwen-VL-Chat \
--server-name 0.0.0.0
/home/user01/anaconda3/envs/qwen-vl/lib/python3.10/site-packages/transformers/utils/generic.
py:260: FutureWarning: `torch.utils._pytree._register_pytree_node` is deprecated. Please use
 `torch.utils._pytree.register_pytree_node` instead.
  torch.utils._pytree._register_pytree_node(
/home/user01/anaconda3/envs/qwen-vl/lib/python3.10/site-packages/transformers/utils/generic.
py:260: FutureWarning: `torch.utils._pytree._register_pytree_node` is deprecated. Please use
 `torch.utils._pytree.register_pytree_node` instead.
  torch.utils._pytree._register_pytree_node(
The model is automatically converting to bf16 for faster inference. If you want to disable t
he automatic precision, please manually add bf16/fp16/fp32=True to "AutoModelForCausalLM.fro
m_pretrained".
Loading checkpoint shards:   0%|                                   | 0/10 [00:00<?, ?it/s]
/home/user01/anaconda3/envs/qwen-vl/lib/python3.10/site-packages/transformers/modeling_utils
.py:479: FutureWarning: You are using `torch.load` with `weights_only=False` (the current de
fault value), which uses the default pickle module implicitly. It is possible to construct m
alicious pickle data which will execute arbitrary code during unpickling (See https://github
.com/pytorch/pytorch/blob/main/SECURITY.md#untrusted-models for more details). In a future r
elease, the default value for `weights_only` will be flipped to `True`. This limits the func
tions that could be executed during unpickling. Arbitrary objects will no longer be allowed
to be loaded via this mode unless they are explicitly allowlisted by the user via `torch.ser
ialization.add_safe_globals`. We recommend you start setting `weights_only=True` for any use
 case where you don't have full control of the loaded file. Please open an issue on GitHub f
or any issues related to this experimental feature.
  return torch.load(checkpoint_file, map_location=map_location)
Loading checkpoint shards: 100%|██████████████████████████| 10/10 [00:06<00:00,  1.46it/s]
INFO:     Started server process [48394]
INFO:     Waiting for application startup.
INFO:     Application startup complete.
INFO:     Uvicorn running on http://0.0.0.0:8000 (Press CTRL+C to quit)
```

图 15-2　Qwen-VL 服务运行情况

2. Qwen-Agent 环境安装

本例应用的依赖库有 qwen-agent 和实现用户 UI 的 Gradio，以及一个 Qwen-Agent 框架本身要用到的 modelscope-studio，安装过程如下：

```
# 1. 创建虚拟环境
conda create -n qwen-agent python=3.10 -y
# 2. 激活虚拟环境
conda activate qwen-agent
# 3. 安装依赖库
#（1）安装 qwen-agent
pip install qwen-agent==0.0.6 \
-i https://pypi.mirrors.ustc.edu.cn/simple
#（2）安装 modelscope-studio
pip install modelscope-studio==0.4.0 \
-i https://pypi.mirrors.ustc.edu.cn/simple
#（3）安装 Gradio
pip install gradio==4.37.2 \
-i https://pypi.mirrors.ustc.edu.cn/simple
```

15.4.2 源代码

基于 Qwen-Agent 的图像应用程序的代码 qwen-agent-sample.py，由依赖库导入、LLM 配置、Visual_solve_equations 类和 WebUI 这几个部分组成。

1. 依赖库导入

qwen-agent-sample.py 的依赖库有声明 Qwen-Agent 的 Agent、工具类、LLM 调用接口等 Python 基础类、qwen_agent 专用类以及实现 WebUI 的相关类。

```
import copy
from typing import Dict, Iterator, List, Optional, Union
from qwen_agent import Agent
from qwen_agent.tools import BaseTool
from qwen_agent.agents import Assistant
from qwen_agent.llm import BaseChatModel
from qwen_agent.llm.schema import Message
from qwen_agent.gui import WebUI
```

2. LLM 配置

model_server 指的是 OpenAI 兼容 API 的 base_url 参数，由于本应用服务与 LLM 服务在同一台机器上，所以将这个地址配置成 http://127.0.0.1:8000/v1。

```
llm_config = {'model': 'qwenvl_oai',
              'model_server': 'http://127.0.0.1:8000/v1',
              'api_key': 'EMPTY'}
```

3. Visual_solve_equations 类

Visual_solve_equations 命名的含义是采用视觉大语言模型求解方程。Visual_solve_equations 类封装了两个基于 Qwen-Agent 的 Agent——image_agent 和 math_agent，它们相互配合理解图片、解析图片中的文本和针对文本内容求解。image_agent 由于要携带图片的路径信息，因此传给 LLM 的最后一条消息中，需要把文本参数和图像路径组织成 JSON 格式，再转成字符串放回到“text”节点中。由于传给 LLM 的是字符串而非 JSON 数据，在 LLM 服务端中 qwenvl-openai-api.py 中，这个文本信息要用 json.loads 函数还原成 JSON 格式，以便后续在推理过程中使用。

```
class Visual_solve_equations(Agent):
    def __init__(self,
        function_list: Optional[
            List[Union[str,
                Dict, BaseTool]]] = None,
```

```
            llm: Optional[Union[Dict, BaseChatModel]] = None):
        super().__init__(llm=llm)
        # 定义图片识别 Agent
        self.image_agent = Assistant(llm=self.llm)
        # 定义数学计算 Agent
        self.math_agent = Assistant(
            llm=self.llm,
            system_message='你扮演一个学生，' +
            '参考你学过的数学知识进行计算')

    def _run(self, messages: List[Message],
        lang: str = 'zh', **kwargs) -> Iterator[List[Message]]:
        # 校验 WebUI 传入的参数，必须为 list，且包含图片
        assert isinstance(messages[-1]['content'], list)
        assert any([item.image for item in messages[-1]['content']]
        ), '这个智体应用需要输入图片'
        response = []
        # 第 1 个 Agent，将图片内容识别成文本
        new_messages = copy.deepcopy(messages)
        new_messages[-1].content[0]['text'] = str(
            [{"text": new_messages[-1].content[0]['text']}, {
                "image": new_messages[-1].content[1]['image'].
                replace("file://", "")}])
        for rsp in self.image_agent.run(new_messages,
            lang=lang, **kwargs):
            yield rsp
        # 第 2 个 Agent，求解文本中的数学问题
        response = rsp
        new_messages.extend(rsp)
        new_messages.append(Message('user', '根据以上文本内容求解数学题'))

        for rsp in self.math_agent.run(new_messages,
            lang=lang, **kwargs):
            yield response + rsp
```

4. WebUI

qwen_agent.gui 库中的 WebUI 类，是对 Gradio 的 Chatbot 的封装，实现了文本输入、文件上传、流式展现推理结果等特性，WebUI 的代码如下：

```
def app_gui():
    bot = Visual_solve_equations(llm=llm_config)
    WebUI(bot).run(server_name="0.0.0.0")

if __name__ == '__main__':
    app_gui()
```

15.4.3　运行

LLM 服务按 15.4.1 节所讲的方法启动，然后另外开启一个 SSH 终端连接。在 qwen-agent-sample.py 所在的目录下运行以下命令开启应用服务：

```
# 激活虚拟环境
conda activate qwen-agent
# 运行程序
python qwen-agent-sample.py
```

在浏览器中访问 http://server-dev:7860/ 进行测试。文本框中输入“识别图片中的方程组”，图片可选择配套源码目录下的 test1.png 或 test2.png，验证本例程的运行效果。运行的结果见图 15-3 和图 15-4。

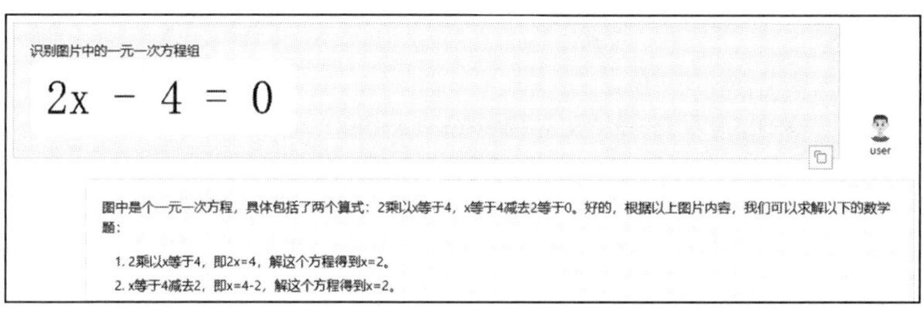

图 15-3　基于 Qwen-Agent 的图像应用运行效果（1）

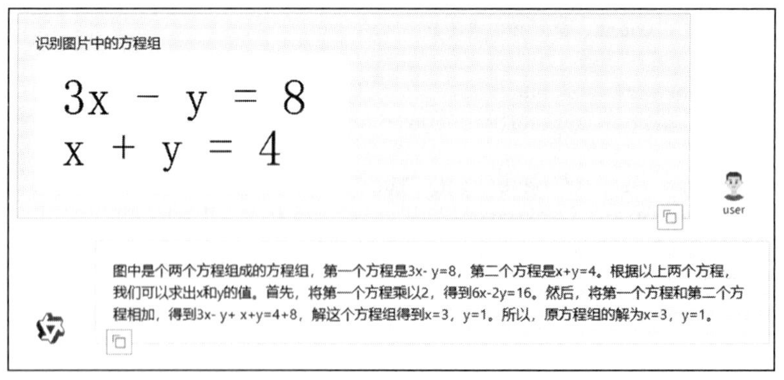

图 15-4　基于 Qwen-Agent 的图像应用运行效果（2）

15.4.4　增强方案

1. 模型增强方案

由于 Qwen-VL 模型专注于图像理解，在数学能力上并不出众，但限于实验算力，在本例完整的实践过程中，图像识别和数学问题求解都采用了 Qwen-VL 的 Chat

微调模型，使用中的准确率较低。在解决数学问题方面，Qwen2 的能力优于 Qwen-VL，如果读者有多张推理卡，或还有其他的算力机器可用（math_agent 不存在图像传送的问题，它的 LLM 服务可不与应用服务部署在同一台机器上），则可以尝试把 math_agent 的 LLM 配置到 Qwen2 上。Qwen2 可用 Ollama 装载的方式提供 OpenAI 兼容 API 服务，服务启动方法如下：

```
# Qwen2 Q4_0 量化模型，需要 5GB 左右 GPU 内存
ollama run qwen2
# Qwen2 F16 量化模型，需要 15GB 左右 GPU 内存
ollama run qwen2:7b-instruct-fp16
```

原来的 llm_config 不变，再增加一个专用 math_agent 服务的 LLM 配置，如：

```
llm_confi_math_agent = {'model': 'qwen2:7b-instruct-fp16',
    'model_server': 'http://127.0.0.1:11434/v1', 'api_key': 'EMPTY'}
```

math_agent 的声明就相应地变成：

```
self.math_agent = Assistant(
    llm=llm_confi_math_agent,
    system_message='你扮演一个学生，' + '参考你学过的数学知识进行计算')
```

2. Function-calling 增强方案

本例用于求解方程的场景，在大语言模型本身的推理能力达不到预期效果的情况下，可以引入外挂工具，math_agent 的实现类 Assistant 有一个 function_list 方法，可以外接由 @register_tool 注解的工具。数学计算可用第 8 章介绍过的 sympy 库增强，程序实现方法可参见 Qwen-Agent 的 assistant_add_custom_tool.py 例程[⊖]。

⊖ https://github.com/QwenLM/Qwen-Agent/blob/main/examples/assistant_add_custom_tool.py。

CHAPTER 16

第 16 章 基于 CogVLM2 的多模态 Agent 应用开发

CogVLM2 是智谱 AI 推出的新一代开源多模态大模型，基于 Llama3-8B 研发，与 OpenAI 的 GPT-4V 具有相似的功能，可以在不依赖外部 OCR 工具的情况下理解图像和视频的内容。CogVLM 的第一代产品于 2023 年 10 月 27 日推出，是一个强大的开源视觉语言模型（Vision Language Model，VLM）。CogVLM-17B 模型拥有 100 亿的视觉参数和 70 亿的语言参数，支持 490 × 490 像素分辨率的图像理解和多轮对话。[1]与第一代产品相比，CogVLM2 系列开源模型在许多关键指标上有了显著提升，例如：支持 TextVQA、DocVQA，支持 8K 文本长度，支持高达 1344 × 1344 像素的图像分辨率，能提供支持中英文双语的开源模型版本等。[2]

本章利用 CogVLM2 在图片理解方面的能力，结合 LangChain 的向量处理技术，实现一个图片搜索个人助理，以文字搜图，并展示结果。

16.1 开发要点

- 应用场景：将文本向量化技术应用于多模态 Agent，使其完成以文搜图任务。
- 大语言模型：CogVLM2，通过 CogVLM2 专用服务装载和提供 API 服务。
- 向量模型：shibing624/text2vec-base-chinese。
- 应用部署方式：Agent 应用与 LLM 服务采用同机部署或异机部署。
- 应用访问方式：浏览器访问 WebUI。

---

[1] https://github.com/THUDM/CogVLM。

[2] https://github.com/THUDM/CogVLM2。

16.2 案例场景

本案例是一个以文搜图的 Web 工具。在浏览器中输入文本，按语义搜索程序目录下的图片，并将得到的图片列表展示出来，用户可放大查看。CogVLM2 可以分析出图片表达的含义或识别图中的文字，图片经 CogVLM2 理解后形成的结果文本与源图的路径被保存到数据库中，对数据库中的文本进行检索，就可以找到图片的路径，这是本例程的实现思路。

在将检索关键词和存放在数据库中的文本进行比对时，采用字符匹配的方法往往效果不佳，因为 CogVLM2 理解图片所产生的文本不是固定的，用户输入的检索关键词很难与之全文匹配或部分内容匹配。而语义近似匹配是一个可行的方案，如果检索关键词与图片含义两者表达的意思近似，那么进行语义比对时，检索的成功率就会高一些。所以，本例应用的技术除了 CogVLM2 之外，还有向量模型对文本进行向量化处理的技术，这样文本的匹配就变成了向量与向量之间的相关性计算。

通过这样的一个案例，读者可以获得以下经验：

- CogVLM2 的场景和使用方法：CogVLM2 视觉语言模型在开发多模态 Agent 的场景中不可或缺，学习其编程使用方法，可以为开发更智能的应用程序打好技术基础。
- 语义检索的方法：LangChain 开发框架简化了文本的向量化处理以及向量库操作，本例借鉴 LangChain 在 RAG 方面的一些做法，实现了语义检索图片的目标。
- 图片检索 WebUI 的实现：Gradio 的 Gallery 组件实现了检索结果的显示，本例 WebUI 的实现过程，体现了图片列表显示、文本输入框、检索功能的整合应用。

16.3 关键原理

在这个以文搜图示例中，从技术处理环节来看，可以分成图片理解、向量化和图片检索三个方面，其中各种要素的关系如图 16-1 所示。

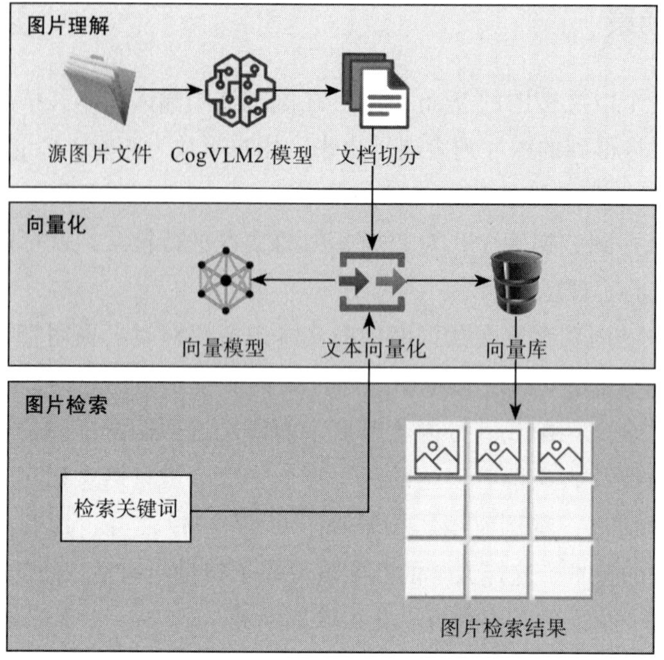

图 16-1　以文搜图应用架构

16.3.1　图片理解

对源图片的语义理解，是由 CogVLM2 模型推理计算得出的。cogvlm2-llama3-chat-19B 模型进行半精度（BF16 / FP16）推理所需的 GPU 内存是 42GB，对算力要求相对较高，本例中使用 cogvlm2-llama3-chinese-chat-19B 的 INT4 量化版本，占用 16GB 左右的 GPU 内存[㊀]，用于学习，其推理能力是足够的。

图片理解程序使用 PyTorch 和 transformers 库构建，先将图像文件转换为 RGB 格式，然后使用模型的 build_conversation_input_ids 方法创建一个适合生成文本的输入格式，调用 model 的 generate 方法生成 token 序列，最后将 token 序列经分词标记器（Tokenizer）解析成明文文本。

将每个图片的含义文本和路径，组织成一条 LangChain 的 Document 格式的数据，这样多个图片的数据就形成了 Document 数组。这些 Document 中的文本要经过文档切分处理，将长文本分拆成较短的、语义完整的文本块，提高检索时与检索条件进行匹配的准确度。

㊀ https://github.com/THUDM/CogVLM2/blob/main/basic_demo/README_zh.md。

16.3.2　向量化

向量化是语义匹配的技术关键。本例采用的是 shibing624/text2vec-base-chinese 向量模型。其中 text2vec 的意思是“ text to vector”（从文本到向量），是一个文本向量表征工具，能把文本转化为向量矩阵。基于这一工具实现了 Word2Vec、RankBM25、Sentence-BERT、CoSENT 等多种文本表征及文本相似度计算模型。它开箱即用，适用于执行文本语义匹配（相似度计算）任务。㊀

对源图片的含义文本切分后形成的文本块、用户输入的检索条件都要进行向量化处理。向量的比较将检索的过程变成了语义相关性得分的排序过程。源图片的文本信息向量化后存入 Chroma 向量库中，同时存入库中的还有源图片的存放路径信息。

16.3.3　图片检索

检索关键词通过向量化转换，以此为条件从向量库中“召回”相关性得分靠前的若干条记录。每条记录中除文本块内容外，还包括源图片的存放路径。

图片搜索工具的 WebUI 是用 Gradio 实现的，其中 Textbox 组件用于输入检索文本、Gallery 组件用于显示搜索结果图片。Textbox 输入的提交通过按“回车”键触发。该提交方法将搜索函数、Textbox 输入、Gallery 输出三者绑定起来，实现搜索函数接收 Textbox 中输入的文本作为查询条件，从向量库中用语义近似匹配的方法匹配得到图片，推送给由 Gallery 输出的业务逻辑。

16.4　实现过程

图片理解、向量化和图片检索的功能在同一个机器、同一个虚拟环境下运行，不仅涉及 CogVLM2 模型的运行环境、LangChain 框架和使用 Gradio 开发的 WebUI，还要考虑 THUDM/cogvlm2-llama3-chinese-chat-19B-int4 和 shibing624/text2vec-base-chinese 两种不同用途的模型，因此整个实现过程采取了统一环境、关注点分离的原则。创建一个 Python 虚拟环境，整合几种框架用到的依赖库，将 CogVLM2 相关的操作，与 WebUI、向量检索等功能分离开，单独放到一个源文件中处理，以实现清晰的程序逻辑。

㊀ https://github.com/shibing624/text2vec。

16.4.1 环境安装

1. 安装虚拟环境

新建一个库依赖关系文件 requirements.txt，内容如下：

```
# CogVLM2
xformers==0.0.23.post1
torch==2.1.2
torchvision==0.16.2
transformers==4.40
huggingface-hub==0.23.0
pillow==10.4.0
chainlit==1.1.306
pydantic==2.7.1
timm==0.9.16
openai==1.30.1
loguru==0.7.2
pydantic==2.7.1
einops==0.8.0
sse-starlette==2.1.0
bitsandbytes==0.43.1
accelerate==0.32.1
# LangChain
langchain_community==0.2.7
sentence-transformers==3.0.1
chromadb==0.5.3
# Gradio
gradio==4.37.2
```

因为库和库之间有版本配合要求，而且要对多个领域的依赖环境进行整合，所以库之间由于版本问题产生冲突的可能性非常大，依赖关系比较复杂。在开发过程中，笔者对每个库都指定了版本号进行精确控制，反复安装测试以及验证程序的运行结果，最后的方案是在 requirements.txt 文件中给出了各个库能相互配合的依赖关系，并不是每个库都用了最新版本。

```
# 创建虚拟环境
conda create -n cogvlm2 python=3.10 -y
# 激活虚拟环境
conda activate cogvlm2
# 安装依赖库
pip install -r requirements.txt \
-i https://pypi.mirrors.ustc.edu.cn/simple
```

2. 下载模型

```
# 获取模型下载脚本
wget https://e.aliendao.cn/model_download.py
# 下载 THUDM/cogvlm2-llama3-chinese-chat-19B-int4 模型
python model_download.py --e \
--repo_id THUDM/cogvlm2-llama3-chinese-chat-19B-int4 \
--token YPY8KHDQ2NAHQ2SG
# 下载 shibing624/text2vec-base-chinese 模型
python model_download.py --e \
--repo_id shibing624/text2vec-base-chinese \
--token YPY8KHDQ2NAHQ2SG
```

16.4.2 源代码

CogVLM2 模型相关代码对外提供图片理解的功能，功能相对单一，所以用一个独立的 Python 源码 cogvlm2_chat.py 来实现，其他的功能代码在 image_search.py 中。cogvlm2_chat.py 提供一个主函数便于测试。

1. cogvlm2_chat.py

（1）模型装载

THUDM/cogvlm2-llama3-chinese-chat-19B-int4 模型使用 transformers 库的 AutoModelForCausalLM、AutoTokenizer 装入。这种视觉语言模型的装载过程的代码实现，与文本类大语言模型的装载方法并无区别，需要注意的是推理卡的内存情况。为了让 CogVLM2 模型装载到 24GB 内存的 GPU，且保持较高的推理性能，本例采取了 INT4 量化、16 位浮点数、low_cpu_mem_usage 等优化手段。

```
import torch
from transformers import AutoModelForCausalLM, AutoTokenizer
from PIL import Image

MODEL_PATH = "dataroot/models/" + \
    "THUDM/cogvlm2-llama3-chinese-chat-19B-int4"
DEVICE = 'cuda' if torch.cuda.is_available() else 'cpu'
TORCH_TYPE = torch.bfloat16 if torch.cuda.is_available() \
    and torch.cuda.get_device_capability()[
    0] >= 8 else torch.float16
model = None
tokenizer = None

def load_model():
    global model
    global tokenizer
```

```
tokenizer = AutoTokenizer.from_pretrained(
    MODEL_PATH,
    trust_remote_code=True
)
model = AutoModelForCausalLM.from_pretrained(
    MODEL_PATH,
    torch_dtype=TORCH_TYPE,
    trust_remote_code=True,
    low_cpu_mem_usage=True,
).eval()
```

（2）推理生成

函数 generate 通过加载的模型和输入图像，生成与输入图像相关的文本输出。图片文件先转换成 RGB 颜色模式，使用 model.build_conversation_input_ids 方法生成模型所需的输入参数，然后创建一个 inputs 字典，将输入参数里的 input_ids、token_type_ids、attention_mask 和 image 装入 GPU 中，传入 model.generate 方法进行推理运算。

在推理过程中，使用 torch.no_grad() 方法禁用梯度计算，以节省内存和加快计算速度，因为在生成过程中不需要计算梯度。调用 model.generate 方法来根据准备好的输入生成输出。使用切片“outputs = outputs[:, inputs['input_ids'].shape[1]:]”去掉输出中的输入部分，只保留新生成的部分。使用 tokenizer.decode 将输出的 token 序列转换回可读的文本。最后用“response.split("<|end_of_text|>")[0]”来清理响应，返回生成的文本。

```
def generate(image_path: str):
    if model is None :
        load_model()
    image = Image.open(image_path).convert('RGB')
    input_by_model = model.build_conversation_input_ids(
        tokenizer,
        query="图里是什么？ ",
        history=[],
        images=[image],
        template_version='chat'
    )
    inputs = {
        'input_ids': input_by_model['input_ids']
        .unsqueeze(0).to(DEVICE),
        'token_type_ids': input_by_model['token_type_ids']
        .unsqueeze(0).to(DEVICE),
```

```
        'attention_mask': input_by_model['attention_mask']
        .unsqueeze(0).to(DEVICE),
        'images': [[input_by_model['images'][0].to(DEVICE)
                  .to(TORCH_TYPE)]],
    }
    gen_kwargs = {
        "max_new_tokens": 2048,
        "pad_token_id": 128002,
    }
    with torch.no_grad():
        outputs = model.generate(**inputs, **gen_kwargs)
        outputs = outputs[:, inputs['input_ids'].shape[1]:]
        response = tokenizer.decode(outputs[0])
        response = response.split("<|end_of_text|>")[0]
        return response
```

（3）主函数

主函数是将图片文件名作为参数，调用 generate 方法。CogVLM2 模型生成对图片内容的理解结果文本。generate 方法是 cogvlm2_chat.py 对外提供的唯一接口函数。

```
if __name__ == '__main__':
    image_file = 'test1.png'
    response = generate(image_file)
    print("Image: " + image_file + "\nCogVLM2: " + response)
```

（4）测试

测试用的源图 test1.png 如图 16-2 所示。

图 16-2　cogvlm2_chat.py 测试用图

运行以下命令，结果如图 16-3 所示。

```
# 激活虚拟环境
conda activate cogvlm2
# 测试图片理解功能
python cogvlm2_chat.py
```

```
(cogvlm2) user01@server-dev:~/agent-dev/chapter16$ python cogvlm2_chat.py
Special tokens have been added in the vocabulary, make sure the associated word embeddings a
re fine-tuned or trained.
Unused kwargs: ['_load_in_4bit', '_load_in_8bit', 'quant_method']. These kwargs are not used
 in <class 'transformers.utils.quantization_config.BitsAndBytesConfig'>.
/home/user01/anaconda3/envs/cogvlm2/lib/python3.10/site-packages/torch/_utils.py:831: UserWa
rning: TypedStorage is deprecated. It will be removed in the future and UntypedStorage will
be the only storage class. This should only matter to you if you are using storages directly
.  To access UntypedStorage directly, use tensor.untyped_storage() instead of tensor.storage
()
  return self.fget.__get__(instance, owner)()
Image: test1.png
CogVLM2: 图片里的文本是“GitClone”。
(cogvlm2) user01@server-dev:~/agent-dev/chapter16$
```

图 16-3 cogvlm2_chat.py 测试结果

2. image_search.py

image_search.py 包括依赖库导入、图片理解、文档入库、语义检索和 WebUI 部分。

（1）依赖库导入

本例主要依赖以下库：用于处理图片信息的 Document、用于文档切块的 CharacterTextSplitter、用于向量化处理的 SentenceTransformerEmbeddings 和向量库 Chroma。这些库都是 LangChain 的组件。此外，还有用于图片文件遍历的 os、从 cogvlm2_chat.py 引入的 generate 方法和用于制作 WebUI 的 Gradio 库。

```
import os
from langchain.docstore.document import Document
from langchain.text_splitter import CharacterTextSplitter
from langchain_community.embeddings import SentenceTransformerEmbeddings
from langchain_community.vectorstores import Chroma
from cogvlm2_chat import generate
import gradio as gr

vectorstore = None
```

（2）图片理解

在 load_docs 方法中，遍历当前文件下的 .png 格式的图片文件，调用从 cogvlm2_chat.py 引入的 generate 方法进行图片理解。generate 是 cogvlm2_chat.py 对外提供的唯一接口。在此方法中，判断当模型变量为“None”时装载模型，这样此方法在首次调用时执行较慢。由 generate 方法生成图片的含义文本，与图片的路径一起被组织成 Document，多张图片的理解结果形成 Document 数组。

```
def load_docs(directory):
    images = os.listdir(directory)
    documents = []
    for image in images:
        if image.endswith(".png"):
```

```
            doc = Document(
                page_content=generate(image),
                metadata={"source": image}
            )
            documents.append(doc)
    print("======CogVLM2 识图结果 ======")
    print(documents)
    return documents
```

（3）文档入库

split_docs 方法将 Document 数组中的长文本切分，形成较短的文本块。create_vectorstore 方法使用向量模型，将切分过文本块进行向量化后，装入 Chroma 向量库。整个向量库保存在内存中，init_searchengine 实现初始化搜索引擎的功能，将图片理解、文档切分、向量化文本装入向量库等部分的实现代码进行组合，运行得到代表向量库的全局变量 vectorstore。

```
def split_docs(documents):
    text_splitter = CharacterTextSplitter(chunk_size=150,
        chunk_overlap=20)
    split_docs = text_splitter.split_documents(documents)
    return split_docs

def create_vectorstore(split_docs):
    embeddings = SentenceTransformerEmbeddings(
        model_name="./dataroot/models/" +
        "shibing624/text2vec-base-chinese")
    return Chroma.from_documents(split_docs, embeddings)

def init_searchengine():
    global vectorstore
    documents = load_docs("./")
    splited_docs = split_docs(documents)
    vectorstore = create_vectorstore(splited_docs)
```

（4）语义检索

search_from_vectorstore 方法使用了向量库变量的 similarity_search_with_score 方法。传入明文的检索条件，采用向量近似检索方法，只保留前两个（k=2）检索结果，返回相关性得分 score。

search_by_text 是 Gradio 中 Textbox 组件提交事件时调用的方法。从调用 search_from_vectorstore 的结果中，遍历获取检索结果中的图片文件路径列表，这个列表会作为 Gallery 组件的数据源。

```
def search_from_vectorstore(vectorstore, query):
    matching_docs = vectorstore.similarity_search_with_score(query, k=2)
    return matching_docs


def search_by_text(query):
    global vectorstore
    matching_docs = search_from_vectorstore(vectorstore, query)
    print("====== 从向量库检索结果 ======")
    print(matching_docs)
    search_results = []
    for doc, _ in matching_docs:
        search_results.append(doc.metadata["source"])
    return search_results
```

（5）WebUI

利用 Gradio 中的 Textbox 和 Gallery 组件，经 Blocks 布局，形成 WebUI。Textbox 的第一个 Submit 方法声明了该组件提交文本时会调用 search_by_text 方法。search_by_text 方法的输入来自 Textbox 的文本，输出是 Gallery 组件，也就是说，search_by_text 方法返回的图片路径列表会传递给 Gallery 组件用于显示图片。Textbox 的第二个 Submit 方法实现了在按下回车键后清空输入文本框中文本的功能。demo.launch 方法中的“server_name="0.0.0.0"”参数，表示 WebUI 服务监听在机器的所有 IP 上，如果不传这个参数，则只能通过 http://127.0.0.1:7860 访问应用。程序的主函数初始化搜索引擎后，会将控制权交给 webui 方法。

```
def webui():
    with gr.Blocks() as demo:
        gr.HTML("""<h1 align="center">图片搜索 Demo</h1>""")
        with gr.Column():
            with gr.Row():
                user_input = gr.Textbox(
                    show_label=False,
                    placeholder="请输入...",
                    max_lines=1)
            with gr.Row():
                gallery = gr.Gallery(
                    label="图片列表",
                    show_label=False,
                    elem_id="gallery",
                    columns=[3],
                    object_fit="contain",
                    height="auto",
                    interactive=False
```

```
                )
        user_input.submit(search_by_text, inputs=user_input,
            outputs=gallery)
        user_input.submit(lambda x: "", user_input, user_input)
    demo.launch(server_name="0.0.0.0")


if __name__ == "__main__":
    init_searchengine()
    webui()
```

16.4.3　运行

在程序所在目录下放入一些 png 格式的图片文件，运行以下命令：

```
# 激活虚拟环境
conda activate cogvlm2
# 运行程序
python image_search.py
```

在浏览器中访问 http://server-dev:7860/，在文本框中输入检索条件并按下回车键进行检索，结果如图 16-4 所示。检索得到的图片，可以点击放大，如果图片较多，则可修改 Gallery 组件的 columns 属性，优化显示。由于测试图片较少，程序中又设定为获取前两个检索结果，这样检索出来的第二个图虽然相关性得分很不理想，但也被列出。在实际应用中，为了避免这个情况，可以设置相关性得分的阈值来过滤明显不符合检索条件的图片。

图 16-4　以文搜图应用的前台运行情况

从程序的后台观察，在程序目录下的图片的含义被大语言模型解析成文本，并在检索时按照语义相关性得分的顺序排列，如图 16-5 所示。由图可知，第一个检索结果的得分是 2^{-10}，可以说是几乎完全匹配，第二个检索结果的得分是 379。一般来说，超过 200 分则说明检索结果与检索条件在语义上几乎不相关。

```
======CogVLM2识图结果======
[Document(metadata={'source': 'test3.png'}, page_content='云服务器ECS\n\n云服务器ECS（Elasti
cComputeService）是一种弹性可伸缩的云计算服务，助您降低IT成本，提升运维效率，使您更专注于核
心业务创新。专业的售前技术支持，协助您选择最合适配置方案。\n\n立即购买\n\n管理控制台'), Docu
ment(metadata={'source': 'test2.png'}, page_content='图里是异型岛企业版的模型名称，下面是五
个文件夹，分别是：datasets、document、models、model_download.py、README.md。'), Document(met
adata={'source': 'test1.png'}, page_content='GitClone')]
/home/user01/anaconda3/envs/cogvlm2/lib/python3.10/site-packages/langchain_core/_api/depreca
tion.py:139: LangChainDeprecationWarning: The class `HuggingFaceEmbeddings` was deprecated i
n LangChain 0.2.2 and will be removed in 0.3.0. An updated version of the class exists in th
e langchain-huggingface package and should be used instead. To use it run `pip install -U la
ngchain-huggingface` and import as `from langchain_huggingface import HuggingFaceEmbeddings`
.
  warn_deprecated(
Running on local URL:  http://0.0.0.0:7860

To create a public link, set `share=True` in `launch()`.
======从向量库检索结果======
[(Document(metadata={'source': 'test1.png'}, page_content='GitClone'), 2.0943859146971278e-1
0), (Document(metadata={'source': 'test2.png'}, page_content='图里是异型岛企业版的模型名称，
下面是五个文件夹，分别是：datasets、document、models、model_download.py、README.md。'), 380.
0600891113281)]
```

图 16-5　以文搜图应用的后台运行情况